职业教育
数字媒体应用人才培养系列教材

边做边学
Dreamweaver
网页设计案例教程

Dreamweaver CC 2019 | 微课版

杨敏 罗群 / 主编

人民邮电出版社
北京

图书在版编目（ＣＩＰ）数据

Dreamweaver网页设计案例教程 : Dreamweaver CC
2019 : 微课版 / 杨敏，罗群主编. -- 北京 : 人民邮电
出版社，2023.4
　（边做边学）
　职业教育数字媒体应用人才培养系列教材
　ISBN 978-7-115-20397-7

Ⅰ. ①D… Ⅱ. ①杨… ②罗… Ⅲ. ①网页制作工具－
职业教育－教材 Ⅳ. ①TP393.092.2

中国版本图书馆CIP数据核字(2021)第265509号

内　容　提　要

本书全面、系统地介绍 Dreamweaver CC 2019 的基本操作方法和网页设计制作技巧，内容包括初识 Dreamweaver CC 2019、文本与文档、图像和多媒体、超链接、使用表格、ASP、CSS 样式、模板和库、表单与行为、网页代码和综合设计实训等。

本书内容以课堂案例为主线。通过学习各案例的实际操作，学生可以快速上手，熟悉软件功能和艺术设计思路。书中的软件功能解析部分使学生能够更深入地学习软件功能。课堂实战演练和课后综合演练，可以拓展学生的实际应用能力，巩固学生的软件使用技巧。云盘中包含书中所有案例的素材及效果文件，以便教师授课、学生练习。

本书可作为职业院校艺术类专业课程的教材，也可作为 Dreamweaver CC 2019 自学者的参考书。

◆ 主　编　杨　敏　罗　群
　　责任编辑　桑　珊
　　责任印制　焦志炜

◆ 人民邮电出版社出版发行　　北京市丰台区成寿寺路 11 号
　　邮编　100164　电子邮件　315@ptpress.com.cn
　　网址　https://www.ptpress.com.cn
　　大厂回族自治县聚鑫印刷有限责任公司印刷

◆ 开本：787×1092　1/16
　　印张：17　　　　　　　　　　　　2023 年 4 月第 1 版
　　字数：444 千字　　　　　　　　2023 年 4 月河北第 1 次印刷

定价：59.80 元

读者服务热线：(010)81055256　印装质量热线：(010)81055316
反盗版热线：(010)81055315
广告经营许可证：京东市监广登字 20170147 号

前　言　　　　　　　Preface

Dreamweaver CC 2019 是由 Adobe 公司开发的网页设计与制作软件。它功能强大、易学易用，深受网页制作者和网页设计师的喜爱，是网页制作领域最流行的软件之一。目前，我国很多职业院校的艺术类专业都将 Dreamweaver 列为一门重要的专业课程。为了帮助职业院校的教师全面、系统地讲授这门课程，使学生能够熟练地使用 Dreamweaver 来进行网页设计，我们几位长期在职业院校从事 Dreamweaver 教学的教师和专业网页设计公司经验丰富的设计师合作，共同编写了本书。

本书全面贯彻党的二十大精神，以社会主义核心价值观为引领，传承中华优秀传统文化，坚定文化自信，使内容更好体现时代性、把握规律性、富于创造性。在编写内容和结构上都做了精心的设计，同时配备了丰富的资源。

根据现代职业院校的教学方向和教学特色，我们对本书的编写体系做了精心的设计。本书按照"课堂实训案例—软件相关功能—课堂实战演练—课后综合演练"这一思路进行编排，力求通过课堂实训案例演练，使学生快速熟悉网页设计理念和软件功能；通过软件相关功能解析使学生深入学习软件功能和制作特色；通过课堂实战演练和课后综合演练，拓展学生的实际应用能力。

本书在内容编写方面，力求细致全面、重点突出；在文字叙述方面，注意言简意赅、通俗易懂；在案例选取方面，强调案例的针对性和实用性。

本书云盘中包含书中所有案例的素材及效果文件。另外，为方便教师教学，本书还配备了详尽的微课视频、PPT 课件、教学教案、大纲等丰富的教学资源，任课教师可登录人邮教育社区（www.ryjiaoyu.com）免费下载使用。本书的参考学时为 60 学时，各章的参考学时参见下面的学时分配表。

前 言

章	课 程 内 容	参 考 学 时
第 1 章	初识 Dreamweaver CC 2019	4
第 2 章	文本与文档	6
第 3 章	图像和多媒体	4
第 4 章	超链接	6
第 5 章	使用表格	6
第 6 章	ASP	4
第 7 章	CSS 样式	6
第 8 章	模板和库	4
第 9 章	表单与行为	8
第 10 章	网页代码	4
第 11 章	综合设计实训	8
学 时 总 计		60

本书由杨敏、罗群任主编。由于编者水平有限，书中难免存在不妥之处，敬请广大读者批评指正。

编者

2023 年 1 月

教学辅助资源

素材类型	名称或数量	素材类型	名称或数量
教学大纲	1 套	课堂实例	25 个
电子教案	11 章	课后实例	38 个
PPT 课件	11 个	课后答案	38 个

配套视频列表

章	视频微课	章	视频微课
第 2 章 文本与文档	青山别墅网页	第 6 章 ASP	节能环保网页
	有机果蔬网页		卡玫摄影网页
	机电设备网页		网球俱乐部网页
	电器城网页		用户登录界面
	摄影艺术网页		挖掘机网页
	休闲度假村网页		建筑信息咨询网页
	国画展览馆网页	第 7 章 CSS 样式	山地车网页
	旅行购票网页		电商网页
第 3 章 图像和多媒体	蛋糕店网页		足球运动网页
	环球旅游网页		鲜花速递网页
	绿色农场网页		葡萄酒网页
	物流运输网页		布艺沙发网页
	时尚先生网页	第 8 章 模板和库	慕斯蛋糕店网页
	五谷杂粮网页		游天下网页
第 4 章 超链接	创意设计网页		鲜果批发网页
	建筑模型网页		律师事务所网页
	狮立地板网页		电子吉他网页
	影像天地网页		婚礼策划网页
	摩托车维修网页	第 9 章 表单与行为	人力资源网页
	建筑规划网页		健康测试网页
第 5 章 使用表格	租车网页		动物乐园网页
	营养美食网页		鑫飞越航空网页
	典藏博物馆网页		品牌商城网页
	OA 办公系统网页		婚戒网页
	绿色粮仓网页		智能扫地机器人网页
	火锅餐厅网页		开心烘焙网页

章	视频微课	章	视频微课
第 10 章 网页代码	品质狂欢节网页	第 11 章 综合设计实训	李梅的个人网页
	自行车网页		锋七游戏网页
	土特产网页		滑雪运动网页
	男士服装网页		购房中心网页
	商业公司网页		家政无忧网页
	活动详情页		

扩展知识扫码阅读

设计基础知识

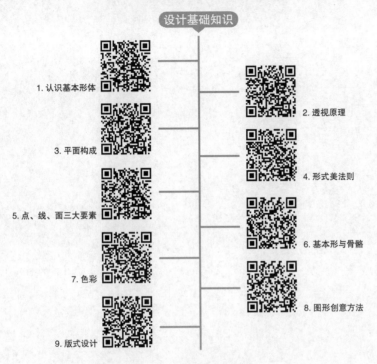

1. 认识基本形体

2. 透视原理

3. 平面构成

4. 形式美法则

5. 点、线、面三大要素

6. 基本形与骨骼

7. 色彩

8. 图形创意方法

9. 版式设计

设计应用知识

1. 图标设计

图标的概念　图标的设计流程　图标的设计原则

图标的设计规范　图标的风格类型

2.App 界面设计

App 的概念　App 设计的流程　App 设计的原则

iOS 系统设计规范　Android 设计规范　App 常用界面类型

3. 招贴广告设计

4. 电商网店设计

Photoshop 在电商中的应用　淘宝店铺各模块图片尺寸及具体要求　网店首页各元素的设计　商品详情页面各元素设计

5. 书籍设计

6. 包装设计

7. 网页设计

目 录

Contents

目 录

Contents

目 录

Contents

01

第 1 章
初识 Dreamweaver CC 2019

网页是网站最基本的组成部分。网页之间并不是杂乱无章的，它们通过各种链接相互关联，从而描述相关的主题或实现相同的目的。本章讲解 Dreamweaver CC 2019 的操作界面、管理站点、创建网站框架、网页文件头设置等内容。

课堂学习要点

- ✓ 操作界面
- ✓ 管理站点
- ✓ 创建网站框架
- ✓ 网页文件头设置

1.1 操作界面

1.1.1 【操作目的】

通过打开文件和弹出属性面板的命令，熟悉菜单栏的操作。通过链接选项改变链接文字的状态，熟悉 CSS 功能的应用方法。

1.1.2 【操作步骤】

（1）启动 Dreamweaver CC 2019，选择"文件 > 打开"命令，在弹出的"打开"对话框中选择云盘中的"Ch01 > 在线留言网页 > index.html"文件，单击"打开"按钮，打开文件，如图 1-1 所示。

（2）选择"文件 > 页面属性"命令，弹出"页面属性"对话框。在对话框左侧的"分类"列表框中选择"链接（CSS）"选项，在"字体粗细"下拉列表中选择"bold"选项，将"链接颜色"选项设为白色，在"下划线样式"下拉列表中选择"始终无下划线"选项，如图 1-2 所示。

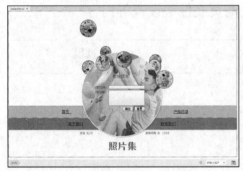

图 1-1　　　　　　　　　　　　　　　　　　　图 1-2

（3）单击"确定"按钮，链接文字发生变化，效果如图 1-3 所示。保存文档，按 F12 键预览效果，如图 1-4 所示。

图 1-3　　　　　　　　　　　　　　　　　　　图 1-4

1.1.3 【相关工具】

1. 友好的开始页面

启动 Dreamweaver CC 2019 后，首先看到的画面是开始页面，用户可在此选择新建文件的类型，或打开已有的文档等，如图 1-5 所示。

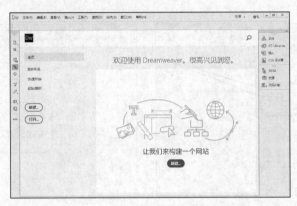

图 1-5

用户如果不太习惯开始页面，可选择"编辑 > 首选项"命令，或按 Ctrl+U 组合键，弹出"首选项"对话框，取消勾选"显示开始屏幕"复选框，如图 1-6 所示。单击"应用"按钮，然后单击"关闭"按钮。这样打开 Dreamweaver CC 2019 时将不再显示开始页面。

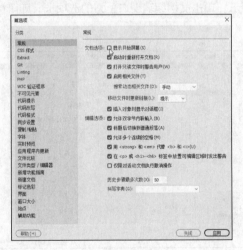

图 1-6

2. 不同风格的界面

Dreamweaver CC 2019 的操作界面相比之前的版本有一些改变，若用户想修改操作界面的风格，切换到自己熟悉的开发环境，可选择"窗口 > 工作区布局"命令，弹出其子菜单，如图 1-7 所示，在该子菜单中选择"开发人员"或"标准"命令，操作界面会发生相应的改变。

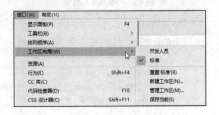

图 1-7

3. 伸缩自如的功能面板

在功能面板的右上方单击按钮 ⏵⏵ ，如图 1-8 所示，可以隐藏或展开面板。

如果用户觉得工作区不够大，可以将鼠标指针放在文档编辑窗口右侧的工作区与面板相交的框线处，当鼠标指针变为双向箭头时拖曳鼠标，调整工作区的大小，如图 1-9 所示。若用户需要更大的工作区，可以将面板隐藏。

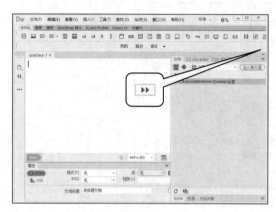

图 1-8　　　　　　　　　　　　　　　　图 1-9

4. 多文档的编辑界面

Dreamweaver CC 2019 提供了多文档的编辑界面，将多个文档整合在一起可方便用户在各个文档之间切换，如图 1-10 所示。单击文档编辑窗口上方的选项卡，即可快速切换到相应的文档，方便同时编辑多个文档。

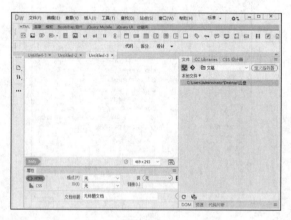

图 1-10

5. 新颖的"插入"面板

Dreamweaver CC 2019 的"插入"面板可以随意与其他面板组合，为了方便操作，一般会将"插入"面板放置在菜单栏的下方，如图 1-11 所示。

图 1-11

"插入"面板中包括"HTML""表单""模板""Bootstrap 组件""jQuery Mobile""jQuery UI""收藏夹"7 个选项卡，不同功能的按钮分门别类地放在不同的选项卡中。在 Dreamweaver CC 2019 中，"插入"面板可用菜单和选项卡两种方式显示。如果需要菜单样式，可用鼠标右键单击"插入"面板的选项卡，在弹出的快捷菜单中选择"显示为菜单"命令，如图 1-12 所示，更改后的效果如图 1-13 所示。

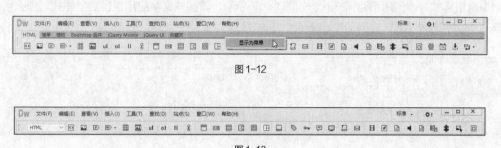

图 1-12

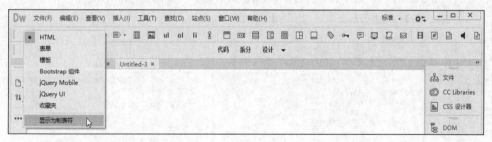

图 1-13

如果需要选项卡样式，可单击"HTML"右侧的的黑色箭头，在下拉列表中选择"显示为制表符"选项，如图 1-14 所示，更改后的效果如图 1-15 所示。

图 1-14

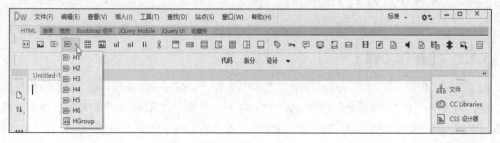

图 1-15

"插入"面板将一些相关的按钮组合在一起，当按钮右侧有黑色箭头时，表示其为展开式按钮，如图 1-16 所示。

图 1-16

6. 更完整的 CSS 功能

传统的 HTML 所提供的样式及排版功能非常有限，因此，复杂的网页版面主要靠 CSS 样式来实现。而 CSS 样式表的功能较多，语法比较复杂，需要有一个很好的工具软件来有条不紊地整理复杂的 CSS 源代码，并适时地提供辅助说明。Dreamweaver CC 2019 就提供了这样的功能。

Dreamweaver CC 2019 中的"属性"面板提供了 CSS 功能。用户可以通过"属性"面板对所选的对象应用样式，或创建和编辑样式，如图 1-17 所示。若某些文字应用了自定义样式，那么当用户调整这些文字的属性时，会自动生成新的 CSS 样式。

图 1-17

"页面属性"按钮也提供了 CSS 功能。单击"页面属性"按钮，弹出"页面属性"对话框，如图 1-18 所示。在对话框左侧的"分类"列表框中选择"链接（CSS）"选项，在"下划线样式"下拉列表中选择超链接的样式，这个设置会自动转换成 CSS 样式，如图 1-19 所示。

图 1-18

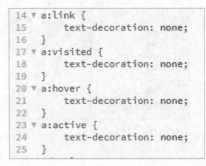

图 1-19

1.2　管理站点

1.2.1　【操作目的】

通过站点管理命令，熟练掌握创建站点的方法。通过新建站点，熟练掌握创建站点根目录的流程。

1.2.2　【操作步骤】

（1）选择"窗口 > 文件"命令，弹出"文件"面板，如图 1-20 所示。在"文件"面板的"桌面"下拉列表中选择"管理站点"选项，如图 1-21 所示。弹出"管理站点"对话框，单击"新建"按钮，弹出"站点设置对象 未命名站点 2"对话框，在左侧列表中选择"站点"选项，在"站点名称"文本框中输入站点名称为"职教-DW"，如图 1-22 所示。

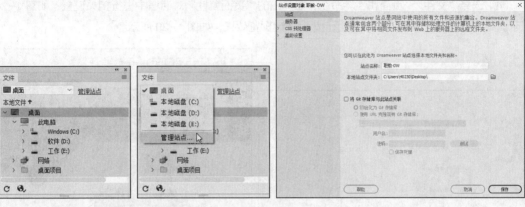

图 1-20　　　　　　　　图 1-21　　　　　　　　　　　图 1-22

（2）单击"本地站点文件夹"选项右侧的"浏览文件"按钮▣，在弹出的对话框中选择本地磁盘中用于存储站点的文件夹，单击"选择"按钮，返回"站点设置对象职教-DW"对话框中，如图 1-23 所示。单击"保存"按钮，返回"管理站点"对话框，如图 1-24 所示。

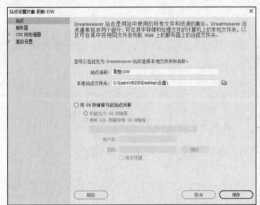

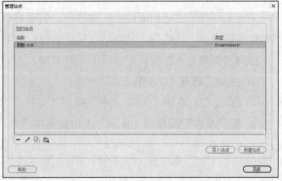

图 1-23　　　　　　　　　　　　　　　　图 1-24

（3）单击"完成"按钮，站点定义完成，"文件"面板如图 1-25 所示。在站点中选择"Ch01 > 1.2 有机蔬菜 > index.html"文件，如图 1-26 所示；双击打开文件，如图 1-27 所示。

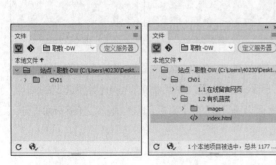

图 1-25　　　　　　　　图 1-26　　　　　　　　　　图 1-27

（4）选择"文件 > 页面属性"命令，在弹出的"页面属性"对话框中进行相关设置，如图 1-28 所示。单击"确定"按钮，保存文档，按 F12 键预览效果，如图 1-29 所示。

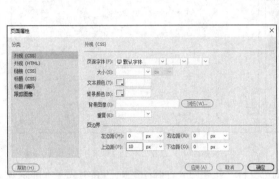

图 1-28   图 1-29

1.2.3 【相关工具】

1. 站点管理器

站点管理器的主要功能包括新建站点、编辑站点、复制站点、删除站点，以及导出或导入站点。若要管理站点，必须打开"管理站点"对话框，如图 1-30 所示。

打开"管理站点"对话框有以下几种方法。

① 选择"站点 > 管理站点"命令。

② 选择"窗口 > 文件"命令，弹出"文件"面板，单击"管理站点"链接，如图 1-31 所示。

③ 在"文件"面板的"桌面"下拉列表中选择"管理站点"选项，如图 1-32 所示。

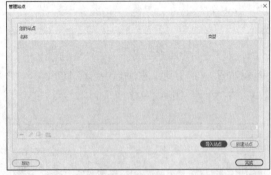

图 1-30   图 1-31   图 1-32

在"管理站点"对话框中，通过"新建站点""编辑当前选定的站点""复制当前选定的站点""删除当前选定的站点"按钮，可以新建、修改、复制、删除站点。通过对话框的"导出当前选定的站点"按钮，可以将站点导出为 XML 文件，这样，用户就可以在不同的计算机和软件版本之间移动站点，或者与其他用户共享站点。

在"管理站点"对话框中，选择一个具体的站点，然后单击"完成"按钮，在"文件"面板中就会出现站点管理器的缩略图。

2. 新建站点

建立站点前，要先在本地计算机上规划站点文件夹。

新建文件夹的具体操作步骤如下。

（1）在本地计算机中选择要存储站点的磁盘。

（2）通过以下几种方法新建文件夹。

① 单击"主页"选项卡中的"新建文件夹"按钮，如图 1-33 所示，创建的文件夹如图 1-34 所示。

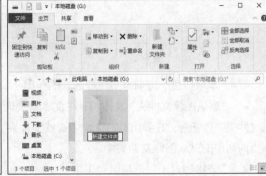

图 1-33   图 1-34

② 在磁盘的空白区域单击鼠标右键，在弹出的菜单中选择"新建 > 文件夹"命令，即可创建一个文件夹。

③ 按 Ctrl+Shift+T 组合键，即可创建一个文件夹。

（3）输入新文件夹的名称。

一般情况下，若站点不复杂，可直接将网页存放在站点的根目录下，并在站点根目录中按照资源的种类建立不同的文件夹，存放不同的资源。例如，"image"文件夹存放站点中的图像文件，"media"文件夹存放站点中的多媒体文件等。若站点复杂，需要根据实现不同功能的板块，在站点根目录中按板块建立子文件夹，存放不同的网页，这样可以方便网站设计者修改网站。

建立好站点文件夹后，用户就可定义新站点了。在 Dreamweaver CC 2019 中，站点通常包含两部分，即本地站点和远程站点。在 Dreamweaver CC 2019 中创建 Web 站点，通常应先在本地磁盘中创建本地站点，然后创建远程站点，即将网页的副本上传到一个远程 Web 服务器上，使公众可以访问它们。本节只介绍如何创建本地站点。

◎ 创建本地站点的步骤

选择"站点 > 管理站点"命令，弹出"管理站点"对话框（见图 1-30）。

在"管理站点"对话框中单击"新建站点"按钮，弹出"站点设置对象 未命名站点 2"对话框。在对话框中，设计者可通过"站点"选项卡设置站点名称，如图 1-35 所示；单击"高级设置"选项，在弹出的选项卡中根据需要设置站点，如图 1-36 所示。

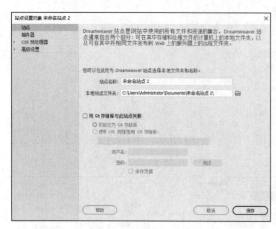 

图 1-35　　　　　　　　　　　　　　　　　图 1-36

◎　"本地信息"选项卡中主要选项的作用

● "默认图像文件夹"文本框：在文本框中输入此站点的默认图像文件夹的路径，或者单击"浏览文件夹"按钮🗁，在弹出的对话框中查找文件夹。将非站点图像添加到网页中时，图像会自动添加到当前站点的默认图像文件夹中。

● "链接相对于"选项组：单击"文档"单选按钮，表示使用文档相对路径来链接；单击"站点根目录"单选按钮，表示使用站点根目录相对路径来链接。

● "Web URL"文本框：在文本框中，输入已定义的站点将使用的 URL。

● "区分大小写的链接检查"复选框：勾选此复选框，则对区分大小写的链接进行检查。

● "启用缓存"复选框：指定是否创建本地缓存以提高链接和站点管理任务的速度。若勾选此复选框，则创建本地缓存。

3．编辑站点

当要修改某个网站的内容时，先要打开站点。打开站点的具体操作步骤如下。

（1）启动 Dreamweaver CC 2019。

（2）选择"窗口 > 文件"命令，弹出"文件"面板，在"桌面"下拉列表中选择要打开的站点，如图 1-37 和图 1-38 所示。

有时用户需要修改站点的一些设置，就要利用 Dreamweaver CC 2019 编辑站点的功能。例如修改站点的默认图像文件夹的路径，具体的操作步骤如下。

（1）选择"站点 > 管理站点"命令，弹出"管理站点"对话框。

图 1-37　　　　　　　　　　　　　图 1-38

（2）在对话框中选择要编辑的站点，单击"编辑当前选定的站点"按钮✎，在弹出的对话框中，选择"高级设置"选项，此时可根据需要进行修改，如图 1-39 所示。完成设置后单击"保存"按钮，回到"管理站点"对话框。

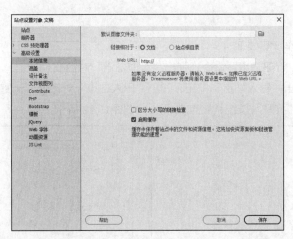

图 1-39

（3）如果不需要修改其他站点，可单击"完成"按钮，关闭"管理站点"对话框。

4. 复制站点

复制站点可省去重复建立多个结构相同站点的操作步骤，可以提高用户的工作效率。在"管理站点"对话框中可以复制站点，具体操作步骤如下。

（1）在"管理站点"对话框中选择要复制的站点，单击"复制当前选定的站点"按钮□进行复制。

（2）双击新复制的站点，弹出"站点设置对象 基础素材 复制"对话框，在"站点名称"文本框中可以更改新站点的名称。

5. 删除站点

删除站点只是删除 Dreamweaver CC 2019 同本地站点间的关联，而本地站点包含的文件和文件夹仍然保存在本地磁盘原来的位置上。换句话说，删除站点后，虽然站点文件夹仍保存在本地计算机中，但在 Dreamweaver CC 2019 中已经不存在此站点了。例如，在按下列步骤删除站点后，"管理站点"对话框中就没有该站点的名称。

在"管理站点"对话框中删除站点的具体操作步骤如下。

（1）在"管理站点"对话框中选择要删除的站点。

（2）单击"删除当前选定的站点"按钮 — 即可删除选择的站点。

6. 导出站点

导出站点的具体操作步骤如下。

（1）选择"站点 > 管理站点"命令，弹出"管理站点"对话框。在对话框中选择要导出的站点，单击"导出当前选定的站点"按钮□，弹出"导出站点"对话框。

（2）在"导出站点"对话框中浏览并选择保存该站点的路径，单击"保存"按钮，保存站点为扩展名为".ste"的文件，如图 1-40 所示。

（3）单击"完成"按钮，关闭"管理站点"对话框，完成导出站点的操作。

图 1-40

7. 导入站点

导入站点的具体操作步骤如下。

（1）选择"站点 > 管理站点"命令，弹出"管理站点"对话框。

（2）在对话框中单击"导入站点"按钮，弹出"导入站点"对话框。浏览并选择要导入的站点，如图 1-41 所示，单击"打开"按钮，站点被导入，如图 1-42 所示。

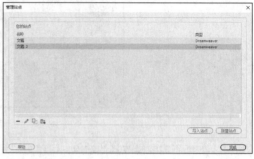

图 1-41　　　　　　　　　　　　　　　　　　图 1-42

（3）单击"完成"按钮，关闭"管理站点"对话框，完成导入站点的操作。

1.3　创建网站框架

1.3.1　【操作目的】

通过打开效果文件，熟练掌握打开命令。通过复制效果，熟练掌握新建命令。通过关闭新建文件，熟练掌握保存和关闭命令。

1.3.2　【操作步骤】

（1）选择"文件 > 打开"命令，弹出"打开"对话框，如图 1-43 所示。选择云盘中的"Ch01 1.3> 果蔬网页 > index.html"文件，单击"打开"按钮，打开文件，如图 1-44 所示。

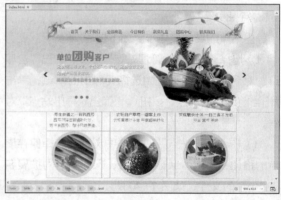

图 1-43　　　　　　　　　　　　　　　　　　图 1-44

（2）按 Ctrl+A 组合键，选择网页全部元素，如图 1-45 所示。按 Ctrl+C 组合键复制网页元素。

选择"文件 > 新建"命令，在弹出的"新建文档"对话框中进行设置，如图 1-46 所示。

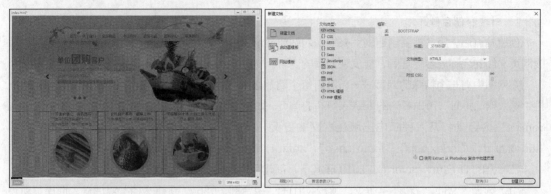

图 1-45　　　　　　　　　　　　　　　　　图 1-46

（3）单击"创建"按钮，创建一个空白文档，如图 1-47 所示。选择"文件 > 保存"命令，弹出"另存为"对话框，如图 1-48 所示，在"文件名"文本框中输入名称，单击"保存"按钮，保存文件。

图 1-47　　　　　　　　　　　　　　　　　图 1-48

（4）按 Ctrl+V 组合键，粘贴网页元素到新建的空白文档中，效果如图 1-49 所示。单击页面标签右侧的 ✕ 按钮，弹出提示对话框，如图 1-50 所示，单击"是"按钮关闭窗口。单击页面标签右侧的 ✕ 按钮，关闭打开的"index.html"文件。单击标题栏右上角的"关闭"按钮 ✕ ，关闭软件。

图 1-49　　　　　　　　　　　　　　　　　图 1-50

1.3.3 【相关工具】

1. 创建和保存网页

创建站点后，用户需要创建网页来组织网站要展示的内容。为网页进行合理的命名非常重要，一般网页文件的名称应容易理解，能反映网页的内容。

在网站中有一个特殊的网页——首页，每个网站必须有一个首页。访问者在 Web 浏览器的地址栏中输入网站地址，首先看到的就是该网站的首页。如在 IE 浏览器的地址栏中输入"www.ptpress.com.cn"会自动打开人民邮电出版社官网的首页。一般情况下，首页的文件名为"index.htm""index.html""index.asp""default.asp""default.htm"或"default.html"。

在标准的 Dreamweaver CC 2019 环境下，创建和保存网页的操作步骤如下。

（1）选择"文件 > 新建"命令，或按 Ctrl+N 组合键，弹出"新建文档"对话框，选择"新建文档"选项，在"文档类型"列表框中选择"HTML"选项，在"框架"界面中选择"无"选项卡，设置如图 1-51 所示。

图 1-51

（2）设置完成后，单击"创建"按钮，弹出文档编辑窗口，新文档在该窗口中打开。根据需要，可在文档编辑窗口中选择不同的视图设计网页，如图 1-52 所示。

文档编辑窗口有 3 种视图，这 3 种视图的作用如下。

- "代码"视图：对于有编程经验的网页设计用户而言，可在"代码"视图中查看、修改和编写网页代码，以实现特殊的网页效果。"代码"视图的效果如图 1-53 所示。

图 1-52

图 1-53

- "设计"视图：以"所见即所得"的方式显示所有网页元素。"设计"视图的效果如图 1-54 所示。
- "拆分"视图：将文档编辑窗口分为上、下两个部分，上部是设计部分，显示网页元素及其在页面中的布局；下部是代码部分，显示代码。在此视图中，网页设计用户可通过在设计部分单击网页元素的方式，快速定位到要修改的网页元素代码的位置，进行代码的修改，或在"属性"面板中修改网页元素的属性。选择"查看 > 拆分"命令，在弹出的菜单中可以选择拆分的显示类型。"拆分"视图的效果如图 1-55 所示。

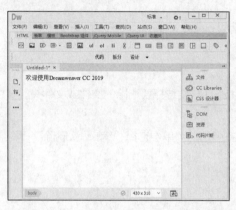

图 1-54

图 1-55

（3）网页设计完成后，选择"文件 > 保存"命令，弹出"另存为"对话框，在"文件名"文本框中输入网页的名称，如图 1-56 所示，单击"保存"按钮，将该文档保存到站点文件夹中。

图 1-56

2. 管理站点文件和文件夹

当站点结构发生变化时，还需要对站点文件和文件夹进行移动和重命名等操作。下面介绍如何在"文件"面板的站点文件夹列表中对站点文件和文件夹进行管理。

◎ 重命名文件和文件夹

修改文件名称或文件夹名称操作的具体步骤如下。

（1）选择"窗口 > 文件"命令，弹出"文件"面板，在其中选择要重命名的文件或文件夹。

（2）可以通过以下两种方法激活文件或文件夹的名称。

① 单击文件名，稍停片刻，再次单击文件名。

② 用鼠标右键单击文件或文件夹图标，在弹出的菜单中选择"编辑 > 重命名"命令。

（3）输入新名称，按 Enter 键。

◎ 移动文件和文件夹

移动文件或文件夹的操作步骤如下。

（1）选择"窗口 > 文件"命令，弹出"文件"面板，在其中选择要移动的文件或文件夹。

（2）可以通过以下两种方法移动文件或文件夹。

① 剪切该文件或文件夹，然后粘贴到新位置。

② 将该文件或文件夹直接拖曳到新位置。

（3）"文件"面板会自动刷新，这样就可以看到该文件或文件夹出现在新位置上。

◎ 删除文件或文件夹

删除文件或文件夹有以下两种方法。

（1）选择"窗口 > 文件"命令，弹出"文件"面板，在其中选择要删除的文件或文件夹，按 Delete 键删除。

（2）用鼠标右键单击要删除的文件或文件夹，在弹出的菜单中选择"编辑 > 删除"命令。

1.4　网页文件头设置

1.4.1　【操作目的】

熟练掌握如何使用刷新命令制作网页自动刷新效果。

1.4.2　【操作步骤】

（1）选择"文件 > 打开"命令，在弹出的"打开"对话框中选择云盘中的"Ch01 > 时尚美发网页 > index.html"文件，单击"打开"按钮，打开文件，如图 1-57 所示。

（2）选择"插入 > HTML > Meta"命令，弹出"META"对话框，在"属性"下拉列表中选择"HTTP-equivalent"选项，在"值"文本框中输入"refresh"，在"内容"文本框中输入需要的时间值，单击"确定"按钮，如图 1-58 所示。

图 1-57

图 1-58

（3）"代码"视图中的显示如图 1-59 所示。保存文档，按 F12 键预览效果，每过 60s，页面会自动刷新一次，如图 1-60 所示。

图 1-59   图 1-60

1.4.3 【相关工具】

1. 插入搜索关键字

在 Web 上通过搜索引擎查找资料时，搜索引擎自动读取 Web 网页中<meta>标签的内容，所以在网页中设置搜索关键字非常重要，它可以间接地宣传网站，提高访问量。但搜索关键字并不是字数越多越好，因为有些搜索引擎限制索引的关键字或字符的数目，当超过了限制的数目时，它将忽略所有的关键字，所以最好只使用几个精选的关键字。一般情况下，关键字是对网页的主题、内容、风格或作者等内容的概括。

设置网页搜索关键字的具体操作步骤如下。

（1）打开文档编辑窗口中的"代码"视图，将鼠标指针放在<head>标签中，选择"插入 > HTML > Keywords"命令，弹出"Keywords"对话框，如图 1-61 所示。

（2）在"关键字"文本框中输入相应的中文或英文关键字，注意关键字间要用半角的逗号分隔。例如，设定关键字为"浏览"，则"关键字"文本框的内容如图 1-62 所示。单击"确定"按钮，完成设置。

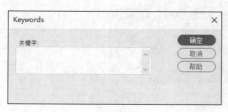

图 1-61

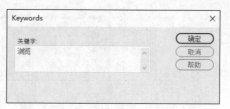

图 1-62

（3）此时，观察"代码"视图，发现<head>标签内多了下述代码：

```
<meta name="keywords" content="浏览">
```

此外，还可以通过<meta>标签设置搜索关键字，具体操作步骤如下。

选择"插入 > HTML > Meta"命令，弹出"META"对话框。在"属性"下拉列表中选择"名称"选项，在"值"文本框中输入"keywords"，在"内容"文本框中输入关键字信息，如图 1-63 所示。设置完成，单击"确定"按钮后可在"代码"视图中查看相应的 HTML 标签。

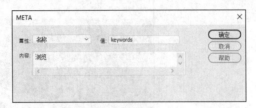

图 1-63

2. 插入作者和版权信息

要设置网页的作者和版权信息，可选择"插入 > HTML > Meta"命令，弹出"META"对话框。在"值"文本框中输入"/x.Copyright"，在"内容"文本框中输入作者名称和版权信息，如图 1-64 所示。单击"确定"按钮完成设置。

图 1-64

此时，在"代码"视图中的<head>标签内可以查看相应的 HTML 标签，如下：

```
<meta name="/x.Copyright" content="作者: 薛鹏 版权: 版权所有">
```

3. 设置刷新时间

要指定载入页面刷新或者转到其他页面的时间，可设置文件头部的刷新时间项，具体操作步骤如下。

选择"插入 > HTML > Meta"命令，弹出"META"对话框。在"属性"下拉列表中选择"HTTP-equivalent"选项，在"值"文本框中输入"refresh"，在"内容"文本框中输入需要的时间值，如图 1-65 所示。单击"确定"按钮完成设置。

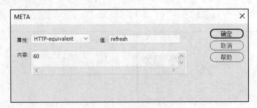

图 1-65

此时，在"代码"视图中的<head>标签内可以查看相应的 HTML 标签，如下：

```
<meta http-equiv="refresh" content="60">
```

4. 设置说明信息

搜索引擎也可通过读取<meta> 标签的说明内容来查找信息，但说明信息主要是设计者对网页内容的详细说明，而关键字可以让搜索引擎尽快搜索到网页。设置网页说明信息的具体操作步骤如下。

（1）打开文档编辑窗口中的"代码"视图，将鼠标指针放在<head>标签中，选择"插入 > HTML > 说明"命令，弹出"说明"对话框。

（2）在"说明"对话框中设置说明信息。

例如，在网页中添加"利用 ASP 脚本，按用户需求进行查询"的说明信息，对话框中的设置如图 1-66 所示。

此时，在"代码"视图中的<head>标签内可以查看相应的 HTML 标签，如下：

```
<meta name="description" content="利用 ASP 脚本，按用户需求进行查询">
```

此外，还可以通过<meta>标签添加说明信息，具体设置如图 1-67 所示。

图 1-66

图 1-67

02

第 2 章
文本与文档

在当今这个网络时代，不管网页内容多么丰富，文本自始至终都是网页中的基本元素。由于文本的信息量大，输入、编辑方便，并且生成的文件小，容易被浏览器下载，不会产生太长的等待时间，因此掌握好文本的使用方法，对制作网页来说是最基本的要求之一。

课堂学习要点

- ✔ 文本与文档
- ✔ 无序列表和编号列表
- ✔ 水平线、网格与标尺

2.1　青山别墅网页

2.1.1　【案例分析】

青山地产是一家以"高起点、高质量、高规格"为理念的地产集团。现该集团推出的新型住宅模式——位于景区的园林住宅要进行系统的宣传，需要为其设计网站页面。要求围绕主题进行设计制作，画面温馨，能够起到宣传主题和表现高级住宅理念的作用。

扫码观看
本案例视频

2.1.2　【设计理念】

网页使用大幅建筑照片作为背景，点明宣传主题且使得画面形象生动；深蓝色的导航栏位于浅色背景上，使页面视觉效果直观清晰且便于浏览。最终效果参看云盘中的"Ch02 > 效果 > 青山别墅网页 > index.html"文件，如图2-1所示。

图 2-1

2.1.3　【操作步骤】

1. 设置页面属性

（1）选择"文件 > 打开"命令，在弹出的"打开"对话框中选择云盘中的"Ch02 > 素材 > 青山别墅网页 > index.html"文件，单击"打开"按钮打开文件，如图2-2所示。

图 2-2

（2）选择"文件 > 页面属性"命令，弹出"页面属性"对话框，如图2-3所示。在左侧的"分类"列表框中选择"外观（CSS）"选项；在对话框的右侧将"大小"选项设为12px，"文本颜色"选项设为白色（#FFFFFF），"左边距""右边距""上边距""下边距"选项均设为0px，如图2-4所示。

图 2-3   图 2-4

（3）在左侧的"分类"列表框中选择"标题/编码"选项，在右侧的"标题"文本框中输入"青山别墅网页"，如图 2-5 所示。单击"确定"按钮，完成页面属性的修改，效果如图 2-6 所示。

图 2-5   图 2-6

2．输入空格和文字

（1）选择"编辑 > 首选项"命令，打开"首选项"对话框，在左侧的"分类"列表框中选择"常规"选项，在右侧的"编辑选项"组中勾选"允许多个连续的空格"复选框，如图 2-7 所示。单击"应用"按钮，再单击"关闭"按钮。

图 2-7

（2）将光标置入图 2-8 所示的单元格中。在光标所在的位置输入文字"首页"，如图 2-9 所示。

按 6 次 Space 键，输入 6 个连续的空格，如图 2-10 所示。然后在光标所在的位置输入文字"关于我们"，如图 2-11 所示。

| 图 2-8 | 图 2-9 | 图 2-10 | 图 2-11 |

（3）用相同的方法输入其他文字，如图 2-12 所示。保存文档，按 F12 键预览效果，如图 2-13 所示。

图 2-12

图 2-13

2.1.4 【相关工具】

1. 输入文本

使用 Dreamweaver CC 2019 编辑网页时，文档编辑窗口中的光标默认为显示状态。要添加文本，应将光标移动到文档编辑窗口中的编辑区域，然后直接输入文本。打开一个页面，在页面中单击，将光标置于其中，然后输入文本，如图 2-14 所示。

图 2-14

 提示

　　除了可以直接输入文本外，也可将其他文档中的文本复制后，粘贴到 Dreamweaver CC 2019 中。需要注意的是，粘贴文本到 Dreamweaver CC 2019 的文档编辑窗口中时，该文本不会保留原有的格式，但是会保留原来文本中的段落。

2. 设置文本属性

利用文本"属性"面板可以方便地修改选中文本的字体、字号、样式、对齐方式等，以获得预期的效果。

选择"窗口 > 属性"命令，弹出"属性"面板，在 HTML 和 CSS 的"属性"面板中都可以设置文本的属性，如图 2-15 和图 2-16 所示。

图 2-15

图 2-16

"属性"面板中各选项的含义如下。

- "格式"选项：设置所选文本的段落样式，例如，可为段落应用"标题 1"的段落样式。
- "ID"选项：为所选元素设置 ID 名称。
- "类"选项：为所选元素添加 CSS 样式。
- "链接"选项：为所选元素添加超链接效果。
- "目标规则"选项：设置已定义的或引用的 CSS 样式为文本的样式。
- "字体"选项：设置文本的字体。
- "大小"选项：设置文本的字级。
- "文本颜色"按钮　：设置文本的颜色。
- "粗体"按钮 B 、"斜体"按钮 I ：设置文字格式。
- "左对齐"按钮　、"居中对齐"按钮　、"右对齐"按钮　、"两端对齐"按钮　：设置段落在网页中的对齐方式。
- "无序列表"按钮　、"编号列表"按钮　：设置文本段落的项目符号或编号样式。
- "删除内缩区块"按钮　、"内缩区块"按钮　：设置段落文本向左凸出或向右缩进一定距离。

3．输入连续的空格

在默认状态下，Dreamweaver CC 2019 只允许用户输入一个空格，要输入多个连续空格则需要进行设置或进行特定操作才能实现。

◎ "首选项"对话框

选择"编辑 > 首选项"命令，或按 Ctrl+U 组合键，弹出"首选项"对话框，如图 2-17 所示。

在"首选项"对话框左侧的"分类"列表框中选择"常规"选项，在右侧的"编辑选项"选项组中勾选"允许多个连续的空格"复选框，单击"应用"按钮，单击"关闭"按钮。此时，用户可连续按 Space 键在文档编辑窗口内输入多个空格。

◎ 直接插入多个连续空格

在 Dreamweaver CC 2019 中插入多个连续空格，有以下 3 种方法。

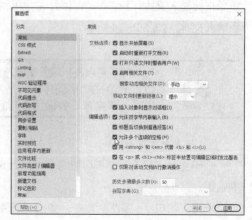

图 2-17

（1）单击"插入"面板"HTML"选项卡中的"不换行空格"按钮 ⬇ 。

（2）选择"插入 > HTML > 不换行空格"命令，或按 Ctrl+Shift+Space 组合键。

（3）将输入法切换到中文的全角状态下，连续按 Space 键。

4. 设置是否显示不可见元素

在网页的"设计"视图中，有一些元素仅用来标识该元素的位置，而在浏览器中是不可见的。例如，脚本图标用来标识文档正文中的 JavaScript 或 VbScript 代码的位置，换行符图标用来标识每个换行符
的位置等。在设计网页时，为了快速找到这些不可见元素的位置，常常需要改变这些元素在"设计"视图中的可见性。

显示或隐藏某些不可见元素的具体操作步骤如下。

（1）选择"编辑 > 首选项"命令，弹出"首选项"对话框。

（2）在"首选项"对话框左侧的"分类"列表框中选择"不可见元素"选项，根据需要勾选或取消勾选右侧的多个复选框，以实现不可见元素的显示或隐藏，如图 2-18 所示。单击"应用"按钮，单击"关闭"按钮。

常用的不可见元素有换行符、脚本、命名锚记、AP 元素的锚点和表单隐藏区域，一般将它们设为可见。

但细心的读者可能会发现，虽然在"首选项"对话框中设置了某些不可见元素为显示状态，但在网页的"设计"视图中却看不见这些不可见元素。为了解决这个问题，还必须选择"查看 > 设计视图选项 > 可视化助理 > 不可见元素"命令，效果如图 2-19 所示。

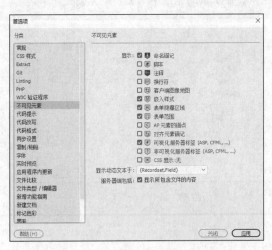

图 2-18

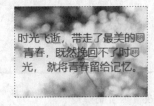

图 2-19

提 示

要在网页中添加换行符，不能只按 Enter 键，而要按 Shift+Enter 组合键。

5. 设置页边距

按照文章的书写规则，正文与纸张的四周需要留有一定的距离，这个距离叫页边距。网页设计也是如此，默认状态下文档的上、下、左、右边距不为 0。

修改网页页边距的具体操作步骤如下。

（1）选择"文件 > 页面属性"命令，弹出"页面属性"对话框，如图 2-20 所示。

图 2-20

（2）根据需要在"左边距""右边距""上边距""下边距"数值框中输入相应的数值即可。

> **提示**
>
> 如果在"页面属性"对话框左侧的"分类"列表框中选择"外观（HTML）"选项，"页面属性"对话框右侧显示的界面将发生改变，如图 2-21 所示。
> - "左边距"：指定网页在 IE 浏览器中左、右页边距的大小。
> - "上边距"：指定网页在 IE 浏览器中上、下页边距的大小。
> - "边距宽度"：指定网页在网景浏览器中的左、右页边距。
> - "边距高度"：指定网页在网景浏览器中的上、下页边距。
>
>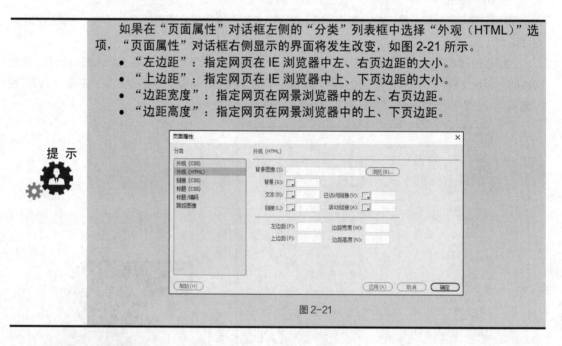
>
> 图 2-21

6. 设置网页的标题

网页的标题可以提示站点浏览者所查看网页的内容，并在浏览者使用浏览器的历史记录和书签列表中标记页面。注意，网页的文件名是通过保存文件命令保存的网页文件名称，而网页的标题是浏览者在浏览网页时浏览器标题栏中显示的信息。

更改网页标题的具体操作步骤如下。

（1）选择"文件 > 页面属性"命令，弹出"页面属性"对话框。

（2）在对话框左侧的"分类"列表框中选择"标题/编码"选项，在右侧的"标题"文本框中输入网页标题，如图 2-22 所示。单击"确定"按钮，完成设置。也可在"属性"面板的"文档标题"文本框中直接输入网页标题。

图 2-22

7. 设置网页的默认格式

用户在制作新网页时，系统提供的页面都有一些默认的属性，如网页的标题、网页边界、文字编码、文字颜色和超链接的颜色等。若需要修改默认网页的页面属性，可选择"文件 > 页面属性"命令，在弹出的"页面属性"对话框中进行设置，如图 2-23 所示。对话框中各选项的作用如下。

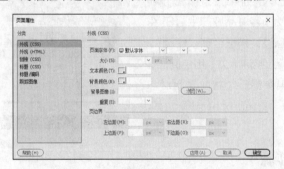

图 2-23

- "外观"选项组：设置网页背景颜色、背景图像，网页文字的字体、字号、颜色和页边界。
- "链接"选项组：设置链接文字的格式。
- "标题"选项组：为 < h1 > 至 < h6 > 标题标签指定字体大小和颜色。
- "标题/编码"选项组：设置网页的标题和网页的文字编码。一般情况下，将网页的文字编码设定为简体中文 GB2312 编码。
- "跟踪图像"选项组：一般在复制网页时，若想使原网页的图像作为复制网页的参考图像，可使用跟踪图像的方式实现。跟踪图像仅作为复制网页的设计参考图像，在浏览器中并不显示出来。

2.1.5 【实战演练】——有机果蔬网页

使用"页面属性"命令，设置页面外观、网页标题效果；使用"首选项"命令，设置允许多个连续空格；使用"CSS 设计器"面板，设置文字的字体、大小和行距。最终效果参看云盘中的"Ch02 > 效果 > 有机果蔬网页 > index.html"，如图 2-24 所示。

扫码观看
本案例视频

图 2-24

2.2　机电设备网页

2.2.1　【案例分析】

机电设备是一家高档开关插座制造商，主营业务包括高档开关插座、专业转换器、智能电器等，致力于为大众营造更安全的用电环境和更加优质的产品及服务。现需要为其设计网站页面，要求表现出品牌特点和产品特色。

2.2.2　【设计理念】

网页的背景使用清新淡雅的色彩搭配，使人感到舒适明快。网页中加入产品照片，体现出网页要表现的主要内容，使顾客对品牌产生信任感和认同感。页面图文信息设计搭配合理，使浏览者一目了然。整个网页设计整洁大方，用色简洁，符合行业特点。最终效果参看云盘中的"Ch02 > 效果 > 机电设备网页 > index.html"，如图 2-25 所示。

图 2-25

2.2.3　【操作步骤】

1．添加字体

（1）选择"文件 > 打开"命令，在弹出的"打开"对话框中，选择云盘中的"Ch02 > 素材 > 机电设备网页 > index.html"文件，单击"打开"按钮打开文件，如图 2-26 所示。

（2）在"属性"面板的"字体"下拉列表中选择"管理字体"选项，如图 2-27 所示，弹出"管理字体"对话框。选择"自定义字体堆栈"选项卡，在"可用字体"列表中选择需要的字体，如图 2-28 所示，单击按钮 `<<`，将其添加到"字体列表"中，如图 2-29 所示。

图 2-26

图 2-27

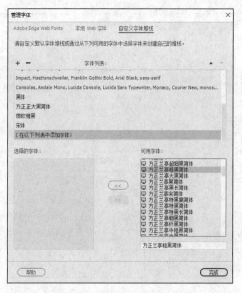

图 2-28

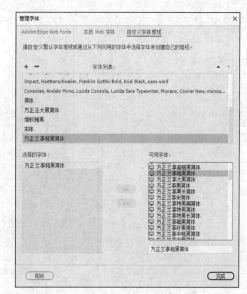

图 2-29

（3）单击"字体列表"左上方的按钮 ➕，在"字体列表"中添加一个字体组；在"可用字体"列表中选择需要的字体，如图 2-30 所示，单击按钮 ⟨⟨，将其添加到"字体列表"中，如图 2-31 所示。单击"完成"按钮关闭对话框。

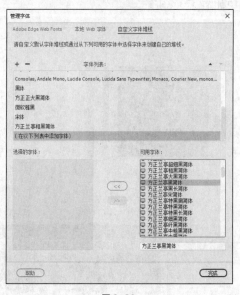

图 2-30

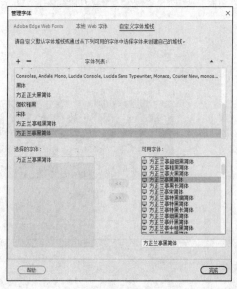

图 2-31

2. 改变文字外观

（1）选择"窗口 > CSS 设计器"命令，弹出"CSS 设计器"面板，如图 2-32 所示。在"源"选项组中选择"<style>"选项，如图 2-33 所示；单击"选择器"选项组中的"添加选择器"按钮 ➕，在"选择器"选项组的文本框中输入".text"。按 Enter 键确认，效果如图 2-34 所示。

图 2-32　　　　　　　　　　　图 2-33　　　　　　　　　　　图 2-34

（2）选中图 2-35 所示的文字，在"属性"面板"目标规则"选项的下拉列表中选择".text"选项，应用样式。在"字体"下拉列表中选择"方正兰亭粗黑简体"，将"大小"选项设为 34px；单击"文本颜色"按钮▢，在弹出的颜色面板中单击需要的颜色，如图 2-36 所示。在空白处单击关闭颜色面板，此时的"属性"面板如图 2-37 所示，效果如图 2-38 所示。

图 2-35　　　　　　　　　　　　　　　　　　图 2-36

图 2-37　　　　　　　　　　　　　　　　　　图 2-38

（3）在"CSS 设计器"面板中，单击"选择器"选项组中的"添加选择器"按钮➕，在"选择器"选项组的文本框中输入".text1"，按 Enter 键确认，效果如图 2-39 所示；在"属性"选项组中单击"文本"按钮🅣，切换到文本属性，将"color"设为白色，"font-family"设为"方正兰亭黑简体"，"font-size"设为 12px（像素），"line-height"设为 20px，如图 2-40 所示。

图 2-39

图 2-40

（4）选中图 2-41 所示的文字，在"属性"面板"类"选项的下拉列表中选择".text1"选项，应用样式，效果如图 2-42 所示。

图 2-41

图 2-42

（5）保存文档，按 F12 键预览效果，如图 2-43 所示。

图 2-43

2.2.4 【相关工具】

1. 改变文本的大小

Dreamweaver CC 2019 提供了两种改变文本大小的方法，一种是设置文本的默认大小，另一种是设置选中文本的大小。

◎ 设置文本的默认大小

（1）选择"文件 > 页面属性"命令，弹出"页面属性"对话框。

（2）在"页面属性"对话框左侧的"分类"列表框中选择"外观（CSS）"选项，在右侧"大小"

选项的下拉列表中根据需要选择文本的大小，如图 2-44 所示。单击"确定"按钮完成设置。

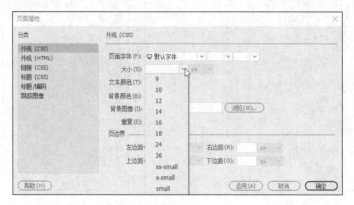

图 2-44

◎ 设置选中文本的大小

在 Dreamweaver CC 2019 中，可以通过"属性"面板设置选中文本的大小，步骤如下。

（1）在文档编辑窗口中选中文本。

（2）在"属性"面板"大小"下拉列表中选择相应的值，如图 2-45 所示。

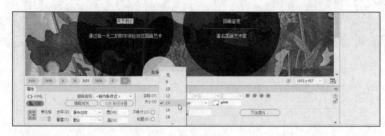

图 2-45

2. 改变文本的颜色

丰富的视觉色彩可以吸引网页浏览者的注意力，网页中的文本不仅可以是黑色，还可以呈现为其他色彩，可设置的颜色多达 16777216 种。颜色的种类与用户显示器的分辨率和颜色值有关，一般建议在 216 种网页色彩中选择文字的颜色。

Dreamweaver CC 2019 提供了两种改变文本颜色的方法，如下所示。

◎ 设置文本的默认颜色

（1）选择"文件 ＞ 页面属性"命令，弹出"页面属性"对话框。

（2）在左侧的"分类"列表框中选择"外观（CSS）"选项，在右侧的"文本颜色"选项中选择具体的文本颜色，如图 2-46 所示。单击"确定"按钮完成设置。

◎ 设置选中文本的颜色

（1）在文档编辑窗口中选中文本。

（2）单击"属性"面板中的"文本颜色"按钮 ，

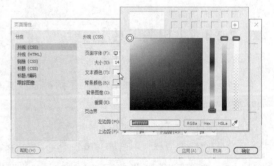

图 2-46

在弹出的面板中选择相应的颜色,如图 2-47 所示。

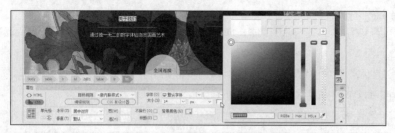

图 2-47

3. 改变文本的字体

Dreamweaver CC 2019 提供了两种改变文本字体的方法,一种是设置文本的默认字体,另一种是设置选中文本的字体。

◎ 设置文本的默认字体

(1)选择"文件 > 页面属性"命令,弹出"页面属性"对话框。

(2)在左侧的"分类"列表框中选择"外观(CSS)"选项,如果右侧"页面字体"选项的下拉列表中有合适的字体组合,可直接选择该字体组合,如图 2-48 所示;否则,需选择"管理字体"选项,在弹出的"管理字体"对话框中选择"自定义字体堆栈"选项卡,在其中自定义字体组合,方法如下。

单击按钮 +,在"可用字体"列表中选择需要的字体,然后单击按钮 << ,将其添加到"字体列表"中,如图 2-49 和图 2-50 所示。

图 2-48

在"可用字体"列表中再选择另一种字体,再次单击按钮 << ,在"字体列表"中建立字体组合。单击"确定"按钮完成设置。

图 2-49

图 2-50

重新在"页面属性"对话框"页面字体"下拉列表中选择刚建立的字体组合作为文本的默认字体。

◎ 设置选中文本的字体

为了将不同的文字设定为不同的字体，Dreamweaver CC 2019 提供了两种改变选中文本字体的方法。

（1）通过"字体"选项设置选中文本的字体，步骤如下。

① 在文档编辑窗口中选中文本。

② 在"属性"面板"字体"下拉列表中选择相应的字体，如图 2-51 所示。

图 2-51

（2）通过"字体"命令设置选中文本的字体，步骤如下。

① 在文档编辑窗口中选中文本。

② 单击鼠标右键，在弹出的菜单中选择"字体"命令，在子菜单中选择相应的字体，如图 2-52 所示。

图 2-52

4. 改变文本的对齐方式

文本的对齐方式是指文字相对于文档编辑窗口或浏览器窗口在水平方向上的对齐方式。对齐方式按钮有以下 4 种。

- "左对齐"按钮 ≣：使文本在浏览器窗口中左对齐。
- "居中对齐"按钮 ≣：使文本在浏览器窗口中居中对齐。
- "右对齐"按钮 ≣：使文本在浏览器窗口中右对齐。

- "两端对齐"按钮 ▤：使文本在浏览器窗口中两端对齐。

通过对齐按钮改变文本的对齐方式，步骤如下。

（1）将光标放在文本中，或者选中段落。

（2）在"属性"面板中单击相应的对齐按钮，如图 2-53 所示。

图 2-53

对段落文本的对齐操作，实际上是对<p>标记的 align 属性的设置。align 属性值有 3 种选择，其中 left 表示左对齐，center 表示居中对齐，而 right 表示右对齐。例如，下面的 3 条语句分别设置了段落的左对齐、居中对齐和右对齐方式，效果如图 2-54 所示。

```
<p align="left">左对齐</p>
<p align="center">居中对齐</p>
<p align="right">右对齐</p>
```

图 2-54

5. 设置文本样式

文本样式是指字符的外观显示方式，如加粗文本、倾斜文本和文本加下划线等。

◎ 通过样式命令设置文本样式

（1）在文档编辑窗口中选中文本。

（2）选择"编辑 > 文本"命令，在弹出的子菜单中选择相应的命令，如图 2-55 所示。

选择需要的命令后，即可为选中的文本设置相应的文本样式，被选中的菜单命令左侧会带有选中标记 ✓。

图 2-55

 提示　如果希望取消设置的文本样式，可以再次打开子菜单，单击取消对该菜单命令的选择。

◎ 通过"属性"面板设置文本样式

（1）在文档编辑窗口中选中文本。

（2）单击"属性"面板中的"粗体"按钮 **B** 和"斜体"按钮 *I* 可快速设置文本的样式，如图 2-56 所示。如果要取消粗体或斜体样式，再次单击相应的按钮即可。

图 2-56

◎ 使用组合键快速设置文本样式

按 Ctrl+B 组合键，可以将选中的文本加粗；按 Ctrl+I 组合键，可以将选中的文本倾斜。

 提　示

再次按相应的组合键，则可取消文本样式。

6. 设置段落格式

网页中的段落是指描述同一主题内容并且格式统一的一段文字。在文档编辑窗口中，输入一段文字后按 Enter 键，这段文字就会作为一个段落显示在<p>…</p>标签中。

◎ 应用段落格式

（1）通过"格式"选项应用段落格式，步骤如下。

① 将光标放在段落中，或者选中段落中的文本。

② 在"属性"面板"格式"下拉列表中选择相应的格式，如图 2-57 所示。

（2）通过"段落格式"命令应用段落格式，步骤如下。

① 将光标放在段落中，或者选中段落中的文本。

② 选择"编辑 > 段落格式"命令，弹出其子菜单，如图 2-58 所示，选择相应的段落格式。

图 2-57

图 2-58

◎ 指定预格式

预格式标签是<pre>和</pre>。预格式化是指用户预先对<pre>和</pre>之间的文字进行格式化，以便在浏览器中按真正的格式显示其中的文本。例如，用户在段落中插入多个空格，但浏览器却按一个空格处理；为这段文字指定预格式后，浏览器就会按用户的输入显示多个空格。

通过"格式"选项指定预格式，步骤如下。

（1）将光标放在段落中，或者选中段落中的文本。

（2）在"属性"面板"格式"选项的下拉列表中选择"预先格式化的"选项，如图 2-59 所示。

通过"段落格式"命令指定预格式，步骤如下。

（1）将光标放在段落中，或者选中段落中的文本。

（2）选择"编辑 > 段落格式"命令，弹出其子菜单，选择"已编排格式"命令，如图 2-60 所示。

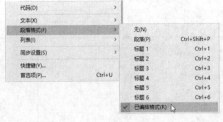

图 2-59　　　　　　　　　　　　　　图 2-60

提 示

若想去除文字的格式，可按上述方法，将"格式"或"段落格式"选项设为"无"。

7. 设置无序列表或编号列表

通过"无序列表"按钮或"编号列表"按钮设置项目符号或编号，步骤如下。

（1）选择段落。

（2）在"属性"面板中，单击"无序列表"按钮 ≣ 或"编号列表"按钮 ≣，为文本添加项目符号或编号。设置了项目符号和编号后的段落效果如图 2-61 所示。

通过"列表"命令设置项目符号或编号，步骤如下。

（1）选择段落。

（2）选择"编辑 > 列表"命令，弹出其子菜单，如图 2-62 所示，选择"无序列表"或"有序列表"命令。

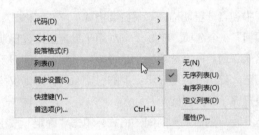

图 2-61　　　　　　　　　　　　　　图 2-62

8. 修改列表

（1）将光标放在要设置项目符号或编号的文本中。

（2）通过以下两种方法打开"列表属性"对话框。

① 单击"属性"面板中的"列表项目"按钮（ 列表项目 … ）。

② 选择"编辑 > 列表 > 属性"命令。

在"列表属性"对话框中，先在"列表类型"下拉列表中选择所需列表类型，如图 2-63 所示。然后在"样式"下拉列表中选择相应的列表的样式，如图 2-64 所示。单击"确定"按钮完成设置。

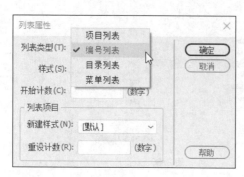
图 2-63

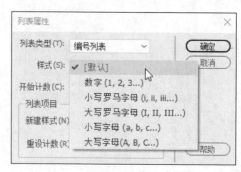
图 2-64

9．设置文本缩进格式

设置文本缩进格式有以下 3 种方法。

（1）在"属性"面板中单击"内缩区块"按钮 ≛ 或"删除内缩区块"按钮 ≛ ，使段落向右移动或向左移动。

（2）选择"编辑 > 文本 > 缩进"或"编辑 > 文本 > 凸出"命令，使段落向右移动或向左移动。

（3）按 Ctrl+Alt+] 组合键或 Ctrl+Alt+ [组合键，使段落向右移动或向左移动。

10．插入日期

（1）在文档编辑窗口中，将光标放置在想要插入对象的位置。

（2）通过以下两种方法打开"插入日期"对话框，如图 2-65 所示。

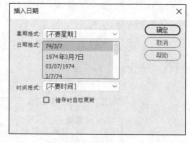
图 2-65

① 单击"插入"面板"HTML"选项卡中的"日期"按钮 📅 。

② 选择"插入 > HTML > 日期"命令。

对话框中包含"星期格式""日期格式""时间格式""储存时自动更新"4 个选项。前 3 个选项用于设置星期、日期和时间的显示格式，最后一个选项表示是否按系统当前时间显示日期时间，若勾选此复选框，则显示当前的日期时间，否则仅按创建网页时的设置显示日期时间。

（3）选择相应的日期和时间的格式，单击"确定"按钮完成设置。

11．插入特殊字符

在网页中插入特殊字符有以下两种方法。

（1）选择"插入 > HTML > 字符"命令，弹出其子菜单，如图 2-66 所示，选择需要的字符命令。

（2）单击"插入"面板"HTML"选项卡中的"字符"展开式按钮 ▥▾ ，弹出 12 个特殊字符选项，如图 2-67 所示。在其中选择需要的特殊字符选项，即可插入特殊字符。

"其他字符"按钮 ▥▾ ：单击此按钮，在弹出的"插入其他字符"对话框中单击需要的字符，该字符的代码就会出现在"插入"文本框中；也可以直接在该文本框中输入字符代码，单击"确定"按钮，将字符插入文档中，如图 2-68 所示。

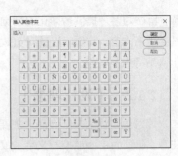

图 2-66　　　　　　　　　图 2-67　　　　　　　　　图 2-68

12. 插入换行符

为段落添加换行符有以下 3 种方法。

（1）单击"插入"面板"HTML"选项卡中的"字符"展开式按钮 ，选择"换行符"选项，如图 2-69 所示。

（2）按 Shift+Enter 组合键。

（3）选择"插入 ＞ HTML ＞ 字符 ＞ 换行符"命令。

在文档中插入换行符的操作步骤如下。

（1）打开一个网页文件，输入一段文字，如图 2-70 所示。

（2）按 Shift+Enter 组合键，插入一个换行符，光标也移到下一个段落，如图 2-71 所示。输入文字，如图 2-72 所示。

图 2-69

（3）使用相同的方法，输入换行符和其他文字，效果如图 2-73 所示。

图 2-70　　　　　　　图 2-71　　　　　　　图 2-72　　　　　　　图 2-73

2.2.5 【实战演练】——电器城网页

使用"属性"面板中的"编号列表"按钮 ，创建列表；使用"CSS 设计器"面板，设置列表的样式。最终效果参看云盘中的"Ch02 ＞ 效果 ＞ 电器城网页 ＞ index.html"，如图 2-74 所示。

扫码观看
本案例视频

2.3 摄影艺术网页

图 2-74

2.3.1 【案例分析】

画意摄影是一个提供正版图片下载的摄影艺术网站，包含不同类型、不同种类和形式的多种艺术照，旨在为客户提供多样化的视觉内容和服务。现网站要更新内容，需重新设计网页效果，要求能够体现出网站特点及特色。

2.3.2 【设计理念】

该网页以优秀摄影作品为主要内容，吸引用户的注意。在画面中添加推荐文字，做到布局合理，主次分明。整体设计醒目直观，让人印象深刻。最终效果参看云盘中的"Ch02 > 效果 > 摄影艺术网页 > index.html"，如图 2-75 所示。

扫码观看
本案例视频

图 2-75

2.3.3 【操作步骤】

（1）选择"文件 > 打开"命令，在弹出的"打开"对话框中，选择云盘中的"Ch02 > 素材 > 艺术摄影网页 > index.html"文件，单击"打开"按钮打开文件，如图 2-76 所示。

图 2-76

（2）将光标置入图 2-77 所示的单元格中。选择"插入 > HTML > 水平线"命令，在单元格中插入水平线，效果如图 2-78 所示。

图 2-77

图 2-78

（3）选中水平线，在"属性"面板中，将"高"选项设为 1，取消勾选"阴影"复选框，如图 2-79 所示。水平线效果如图 2-80 所示。

图 2-79

图 2-80

（4）选中水平线，单击文档编辑窗口上方的"拆分"按钮 拆分，在"拆分"视图窗口中的"noshade"代码后面置入光标，按一次空格键，标签列表中会弹出该标签的属性参数，在其中选择属性"color"，如图 2-81 所示。

```
12        </tr>
13 ▼      <tr>
14            <td width="177" height="26"> </td>
15            <td width="270" align="right"><hr size="1" noshade="noshade" ></td>
16            <td>                                              align
17                <img src="images/pic_02.jpg" width="108" height="26" alt    aria-
18            <td width="269"> </td>                       class
19            <td width="176"> </td>                       color
20        </tr>
21 ▼      <tr>
22            <td colspan="5">
23                <img src="images/pic_03.jpg" width="1000" height="399" alt=""></td>
24        </tr>
25    </table>
```

图 2-81

（5）选择"color"属性后，单击弹出的"Color Picker"属性，如图 2-82 所示。在弹出的颜色混合器中选择颜色，标签效果如图 2-83 所示。

```
12        </tr>
13 ▼      <tr>
14            <td width="177" height="26"> </td>
15            <td width="270" align="right"><hr size="1" noshade="noshade" color=""></td>
16            <td>                                              Color Picker...
17                <img src="images/pic_02.jpg" width="108" height="26" alt=""></td>
18            <td width="269"> </td>
19            <td width="176"> </td>
20        </tr>
21 ▼      <tr>
22            <td colspan="5">
23                <img src="images/pic_03.jpg" width="1000" height="399" alt=""></td>
24        </tr>
25    </table>
```

图 2-82

```
12        </tr>
13 ▼      <tr>
14            <td width="177" height="26"> </td>
15            <td width="270" align="right"><hr size="1" noshade="noshade" color="#00c9dd"></td>
16            <td>
17                <img src="images/pic_02.jpg" width="108" height="26" alt=""></td>
18            <td width="269"> </td>
19            <td width="176"> </td>
20        </tr>
21 ▼      <tr>
22            <td colspan="5">
23                <img src="images/pic_03.jpg" width="1000" height="399" alt=""></td>
24        </tr>
```

图 2-83

（6）用上述方法制作出图 2-84 所示的效果。

图 2-84

（7）水平线的颜色不能在 Dreamweaver　CC　2019 界面中确认。保存文档，按 F12 键预览，效果如图 2-85 所示。

图 2-85

2.3.4　【相关工具】

1. 水平线

水平线可以将文字、图像、表格等对象在视觉上分割开。一篇内容繁杂的文档，如果合理地放置几条水平线，就会变得层次分明，便于阅读。本小节介绍创建、修改水平线的方法。

◎ 创建水平线

创建水平线有以下两种方法。

（1）单击"插入"面板"HTML"选项卡中的"水平线"按钮 ▤。

（2）选择"插入 ＞ HTML ＞ 水平线"命令。

◎ 修改水平线

在文档编辑窗口中，选中水平线，选择"窗口 ＞ 属性"命令，弹出"属性"面板，可以根据需要对水平线的属性进行修改，如图 2-86 所示。

图 2-86

- 在"水平线"下方的文本框中输入水平线的名称。

- 在"宽"文本框中输入水平线的宽度值,该值可以是像素值,也可以是相对页面水平宽度的百分比值。

- 在"高"文本框中输入水平线的高度值,这里只能是像素值。

- 在"对齐"下拉列表中,可以选择水平线在水平位置上的对齐方式,可以是"左对齐"、"右对齐"或"居中对齐",也可以选择"默认"选项使用默认的对齐方式,一般为"居中对齐"。

- 如果勾选"阴影"复选框,水平线则被添加阴影效果。

2. **显示和隐藏网格**

使用网格可以更加方便地精确定位网页元素,在网页布局时网格具有至关重要的作用。

◎ 显示和隐藏网格

选择"查看 > 设计视图选项 > 网格设置 > 显示网格"命令,或按 Ctrl+Alt+G 组合键,此时网格处于显示的状态,在"设计"视图中可见,如图 2-87 所示。再次使用该命令或组合键,可隐藏网格。

◎ 设置网页元素与网格对齐

选择"查看 > 设计视图选项 > 网格设置 > 靠齐到网格"命令,或按 Ctrl+Alt+Shift+G 组合键,此时,无论网格是否可见,都可以让网页元素自动与网格对齐。

◎ 修改网格的疏密

选择"查看 > 设计视图选项 > 网格设置 > 网格设置"命令,弹出"网格设置"对话框,如图 2-88 所示。在"间隔"选项的数值框中输入一个数字,并从右侧的下拉列表中选择间隔的单位,单击"确定"按钮关闭对话框,即完成网格线间隔的修改。

◎ 修改网格线的颜色和形状

选择"查看 > 设计视图选项 > 网格设置 > 网格设置"命令,弹出"网格设置"对话框。在对话框中,先单击"颜色"按钮□,并从颜色拾取器中选择一种颜色,或者在"颜色"按钮□右侧的文本框中输入一个颜色的十六进制值;然后单击"显示"选项组中的"线"或"点"单选按钮,如图 2-89 所示;最后单击"确定"按钮,完成网格线颜色和形状的修改。

图 2-87

图 2-88

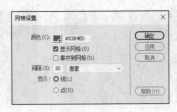

图 2-89

3. **标尺**

标尺显示在文档编辑窗口的页面上方和左侧,用以标识网页元素的位置。标尺的单位分为像素、英寸和厘米。

◎ 在文档编辑窗口中显示标尺

选择"查看 > 设计视图选项 > 标尺 > 显示"命令,或按 Alt+F11 组合键,使标尺处于显示的状态,如图 2-90 所示。

◎ 改变标尺的计量单位

在文档编辑窗口的标尺刻度上单击鼠标右键，在弹出的菜单中选择需要的计量单位，如图 2-91 所示。

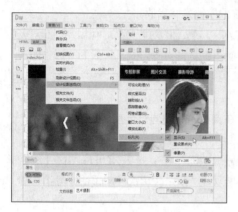 

图 2-90　　　　　　　　　　　　　　　　　　　图 2-91

◎ 改变标尺坐标原点

单击文档编辑窗口左上方的标尺交叉点，鼠标指针变为"+"形，按住鼠标左键向右下方拖曳鼠标，如图 2-92 所示。在要设置新的坐标原点的地方松开鼠标左键，坐标原点将随之改变，如图 2-93 所示。

◎ 重置标尺的坐标原点

选择"查看 > 设计视图选项 > 标尺 > 重设原点"命令，即可将坐标原点还原成（0，0），如图 2-94 所示。

  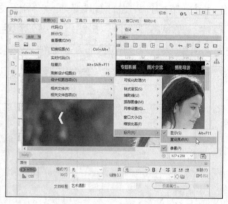

图 2-92　　　　　　　　　图 2-93　　　　　　　　　　图 2-94

提 示　　将坐标原点恢复到初始位置，还可以通过双击文档编辑窗口左上方的标尺交叉点的方式完成。

2.3.5 【实战演练】——休闲度假村网页

使用"水平线"命令，在文档中插入水平线；使用"属性"面板，取消水平线的阴影；使用代码改变水平线的颜色。最终效果参看云盘中的"Ch02 > 效果 > 休闲度假村网页 > index.html"，如图 2-95 所示。

图 2-95

扫码观看
本案例视频

2.4 综合演练——国画展览馆网页

2.4.1 【案例分析】

国画展览馆是专门收藏国画作品及展览国画供人参观的场所，该网页主要通过网络介绍艺术馆的收藏并进行宣传。网页的设计要体现出国画的艺术品位及该艺术馆的特色。

2.4.2 【设计理念】

该网页背景采用国画图片作为装饰，使整个页面看起来典雅舒适。白色的导航条设计简洁雅观，更方便浏览者查阅。整体设计风格具有特色，优雅且时尚。

2.4.3 【知识要点】

使用"属性"面板，设置文字大小、颜色及字体。最终效果参看云盘中的"Ch02 > 效果 > 国画展览馆网页 > index.html"，如图 2-96 所示。

图 2-96

2.5 综合演练——旅行购票网页

2.5.1 【案例分析】

Ravel 是一个综合性旅行服务平台，可以随时随地向用户提供集酒店预订、旅游度假及旅游资讯于一体的全方位旅行服务。现为了更好地为用户提供服务，需要重新设计网站页面，要体现出平台的调性、功能及特点。

2.5.2 【设计理念】

网页使用浅色调的底图作为背景，给消费者带来温馨、浪漫的感觉；画面整体色彩搭配舒适亲切，文字与图片搭配相得益彰，导航条设计简洁并具有特色，网页设计与宣传主题相呼应；画面清爽舒适，符合平台的风格特点。

2.5.3 【知识要点】

使用"页面属性"命令，设置页面边距和标题；使用"CSS 样式"命令，改变文本的颜色及行距。最终效果参看云盘中的"Ch02 > 效果 > 旅行购票网页 > index.html"，如图 2-97 所示。

图 2-97

03

第 3 章
图像和多媒体

图像在网页中的作用是非常重要的，适当地添加各类图像可以使网页更加清晰美观、形象生动，更能引发浏览者的阅读兴趣。

所谓"媒体"是指信息的载体，而"多媒体"指多种媒体的综合使用，包括文字、图形、动画、音频和视频等。在 Dreamweaver CC 2019 中，用户可以方便快捷地向网页中添加多媒体文件，并对它们进行各种编辑操作。

课堂学习要点

✓ 插入图像
✓ 多媒体在网页中的应用

3.1　蛋糕店网页

3.1.1　【案例分析】

美食来了是一家食品餐饮连锁公司，主要经营的业务包括美味蛋糕、香醇咖啡、新鲜三明治、经典面包等子品牌。现公司开发出新的子品牌——纸杯蛋糕，需要为其设计制作网页，要求体现出纸杯蛋糕的特点和品牌调性。

3.1.2　【设计理念】

网页使用产品特写照片体现网页主题；粉色的背景营造出甜美、香浓的氛围；上方的导航条设计简洁清晰，给人干净利落的印象。页面中图形与文字搭配适宜，让人一目了然，并且感受到糕点的魅力；网页整体设计主题突出，让人印象深刻。最终效果参看云盘中的"Ch03 ＞ 效果 ＞ 蛋糕店网页 ＞ index.html"，如图 3-1 所示。

图 3-1

扫码观看
本案例视频

3.1.3　【操作步骤】

（1）选择"文件 ＞ 打开"命令，在弹出的"打开"对话框中，选择云盘中的"Ch03 ＞ 素材 ＞ 蛋糕店网页 ＞ index. html"文件，单击"打开"按钮打开文件，如图 3-2 所示。将光标置入图 3-3 所示的单元格中。

图 3-2

图 3-3

（2）单击"插入"面板"HTML"选项卡中的"Image"按钮 ▣，在弹出的"选择图像源文件"对话框中，选择云盘中"Ch03 > 素材 > 蛋糕店网页 > images"文件夹中的"img01.jpg"文件，单击"确定"按钮，完成图片的插入，如图 3-4 所示。

（3）将云盘中"Ch03 > 素材 > 蛋糕店网页 > images"文件夹中的图片"img02.jpg"插入该单元格中，效果如图 3-5 所示。

图 3-4   图 3-5

（4）使用相同的方法，将"img03.jpg"图片插入该单元格中，效果如图 3-6 所示。

图 3-6

（5）选择"窗口 > CSS 设计器"命令，弹出"CSS 设计器"面板。单击"源"选项组中的"添加 CSS 源"按钮 ✚，在弹出的下拉列表中选择"在页面中定义"选项，在"源"选项组中添加"<style>"选项，如图 3-7 所示；单击"选择器"选项组中的"添加选择器"按钮 ✚，在"选择器"选项组中的文本框中输入".pic"，按 Enter 键确认文字的输入，效果如图 3-8 所示。

（6）单击"属性"选项组中的"布局"按钮 ▦，切换到布局属性。将"margin-left"选项和"margin-right"选项均设为 20 px，如图 3-9 所示。

图 3-7   图 3-8   图 3-9

（7）选中图 3-10 所示的图片，在"属性"面板的"无"下拉列表中选择".pic"选项，应用样式，效果如图 3-11 所示。

图 3-10

图 3-11

（8）保存文档，按 F12 键预览效果，如图 3-12 所示。

图 3-12

3.1.4 【相关工具】

1. 网页中的图像格式

Web 网页中通常使用的图像文件有 JPEG、GIF、PNG 3 种格式，但大多数浏览器只支持 JPEG、GIF 两种图像格式，因为要保证加载网页的速度，所以目前网站设计者也主要使用 JPEG 和 GIF 这两种压缩格式的图像。

◎ GIF 文件

GIF 是目前网络中最常见的图像格式，其具有以下特点。

- 最多可以显示 256 种颜色。因此，它最适合显示色调不连续或具有大面积单一颜色的图像，如导航条、按钮、图标、徽标或其他具有统一色彩和色调的图像。
- 使用无损压缩方案。图像在压缩后不会有细节的损失。
- 支持透明的背景。可以创建带有透明区域的图像。
- 是交织文件格式。在浏览器下载完图像之前，浏览者即可看到该图像。
- 图像格式的通用性好。几乎所有的浏览器都支持 GIF 图像格式，并且有许多免费软件支持对 GIF 图像文件的编辑。

◎ JPEG 文件

JPEG 是一种"有损耗"压缩的图像格式，其具有以下特点。

- 具有丰富的色彩。最多可以显示 1670 万种颜色。
- 使用有损压缩方案。图像在压缩后会有细节的损失。
- JPEG 格式的图像比 GIF 格式的图像小，下载速度更快。
- 图像边缘的细节损失严重，所以不适合包含对比鲜明的图案或文本。

◎ PNG 文件

PNG 是专门为网络而准备的图像格式，其具有以下特点。

- 使用新型的无损压缩方案。图像在压缩后不会有细节的损失。
- 具有丰富的色彩。最多可以显示 1670 万种颜色。
- 图像格式的通用性差。IE 4.0 或更高版本和 Netscape 4.04 或更高版本的浏览器都只能部分支持 PNG 图像的显示。因此，现阶段只有在为特定的目标用户进行设计时，才使用 PNG 格式的图像。

2. **插入图像**

要在 Dreamweaver CC 2019 文档中插入图像，该图像必须位于本地站点文件夹内或远程站点文件夹内，否则不能正确显示。所以在建立站点时，网站设计者常常先创建一个名叫"image"的文件夹，并将需要的图像复制到其中。

在网页中插入图像的具体操作步骤如下。

（1）在文档编辑窗口中，将光标放置在要插入图像的位置。

（2）通过以下 3 种方法启用"Image"命令，弹出"选择图像源文件"对话框，如图 3-13 所示。

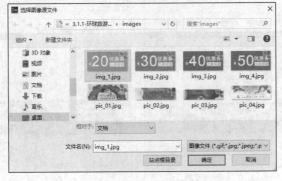

图 3-13

① 单击"插入"面板"HTML"选项卡中的"Image"按钮 ▣ 。

② 选择"插入 > Image"命令。

③ 按 Ctrl+Alt+I 组合键。

（3）在该对话框中，选择图像文件，单击"确定"按钮即可插入指定的图像。

3．设置图像属性

插入图像后，在"属性"面板中显示了该图像的属性，如图 3-14 所示。下面介绍各选项的含义。

图 3-14

- "ID"选项：指定图像的 ID 名称。
- "Src"选项：指定图像的源文件。
- "链接"选项：指定单击图像时要显示的网页文件。
- "无"选项：指定图像应用的 CSS 样式。
- "编辑"按钮组：用于编辑图像文件，包括编辑、编辑图像设置、从源文件更新、裁剪、重新取样、亮度和对比度、锐化等。
- "宽"和"高"选项：分别设置图像的宽和高。这样做虽然可以缩小（或放大）图像的尺寸，但不会缩短图像下载时间，因为浏览器在缩放图像前会下载所有的图像数据。
- "替换"选项：指定替换图像的文本。在浏览器已设置为手动下载图像时，图像将以文本的方式显示。在某些浏览器中，当鼠标指针滑过图像时也会显示替代文本。
- "标题"选项：指定图像的标题。
- "地图"选项和热点工具按钮组：用于设置图像的热点链接。
- "目标"选项：指定应该在链接页面中载入的框架或窗口，详细参数参见第 4 章"超链接"。
- "原始"选项：为了节省浏览者浏览网页的时间，可通过此选项指定在载入主图像之前快速载入的低品质图像。

4．给图像添加文字说明

当图像不能在浏览器中正常显示时，网页中图像所在的位置就会变成空白区域，如图 3-15 所示。

图 3-15

为了让浏览者在图像不能正常显示时也能了解图像的信息，可以为网页中的图像设置"替换"属性，即将图像的说明文字输入"替换"文本框中，如图 3-16 所示。这样当图像不能正常显示时，网页中的效果如图 3-17 所示。

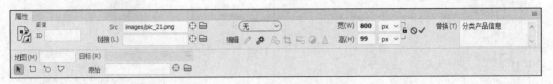

图 3-16

图 3-17

5．跟踪图像

在工程设计过程中，一般先在图像处理软件中勾画出工程蓝图，然后在此基础上反复修改，最终得到一幅完美的设计图。制作网页时也应采用工程设计的方法，先在图像处理软件中绘制网页的蓝图，将其添加到网页的背景中，按设计方案对号入座，等网页制作完毕后，再将蓝图删除。在 Dreamweaver CC 2019 中可利用"跟踪图像"功能来实现上述制作网页的方式。

添加网页蓝图的具体操作步骤如下。

（1）在图像处理软件中绘制网页的设计蓝图，如图 3-18 所示。

（2）选择"文件 > 新建"命令，新建文档。

（3）选择"文件 > 页面属性"命令，弹出"页面属性"对话框，在左侧的"分类"列

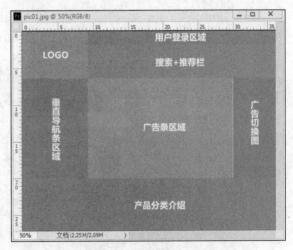

图 3-18

表框中选择"跟踪图像"选项，转换到"跟踪图像"界面，如图 3-19 所示。单击"浏览"按钮，在弹出的"选择图像源文件"对话框中找到步骤（1）中设计蓝图的保存路径，如图 3-20 所示。

（4）单击"确定"按钮，返回"页面属性"对话框，在对话框中调节"透明度"选项的滑块，使图像呈半透明状态，如图 3-21 所示。单击"确定"按钮完成设置，效果如图 3-22 所示。

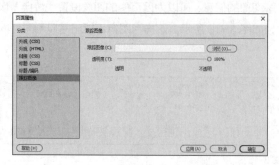

图 3-19

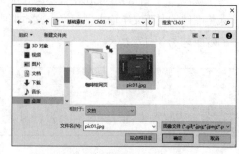

图 3-20

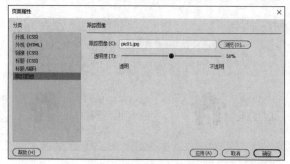

图 3-21

图 3-22

3.1.5　【实战演练】——环球旅游网页

使用 "Image" 按钮，插入图像；使用 "CSS 设计器" 面板，设置图像之间的距离。最终效果参看云盘中的 "Ch03 > 效果 > 环球旅游网页 > index.html"，如图 3-23 所示。

图 3-23

扫码观看
本案例视频

3.2　绿色农场网页

3.2.1　【案例分析】

随着社会的逐渐发展，生活水平的日益提升，人们对食物的来源及品质也有了更高的要求。绿色农场是一家以"绿色农场，生态养殖"为发展目标的食品生产养殖基地，致力于为广大用户提供品种多样、绿色健康的食物。现为了更好地服务大众，基地需要设计制作自己的网站页面，要求体现出基地的养殖理念和特点。

3.2.2　【设计理念】

网页使用实景图片作为 Banner 区底图，环境优美的基地照片能够表现出农场的特色，同时突出基地的宣传主题，展示出基地的实力和信念；整体网页设计简洁明快，符合生态养殖的特色。最终效果参看云盘中的"Ch03 > 效果 > 绿色农场网页 > index.html"，如图 3-24 所示。

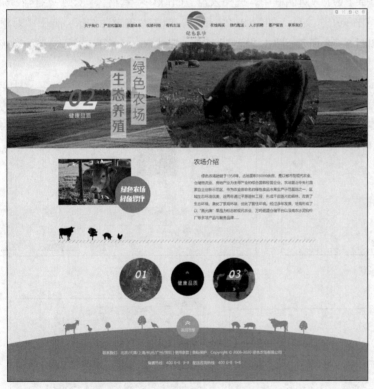

图 3-24

扫码观看
本案例视频

3.2.3　【操作步骤】

（1）选择"文件 > 打开"命令，在弹出的"打开"对话框中，选择云盘中的"Ch03 > 素材 > 绿色农场网页 > index.html"文件，单击"打开"按钮打开文件，如图 3-25 所示。

图 3-25

（2）将光标置入图 3-26 所示的单元格中，单击"插入"面板"HTML"选项卡中的"Flash SWF"按钮 <img>，在弹出的"选择 SWF"对话框中，选择云盘"Ch03 > 素材 > 3.2.1-绿色农场网页 > images"文件夹中的"DH.swf"文件，如图 3-27 所示。单击"确定"按钮，弹出"对象标签辅助功能属性"对话框，如图 3-28 所示。单击"确定"按钮，完成 Flash 影片的插入，效果如图 3-29 所示。

图 3-26

图 3-27

图 3-28

图 3-29

（3）保持动画的选取状态，在"属性"面板"Wmode"下拉列表中选择"透明"选项，如图 3-30 所示。保存文档，按 F12 键预览效果，如图 3-31 所示。

| 对齐(A) | 默认值 | |
| Wmode(M) | 透明 | |

图 3-30　　　　　　　　　　　　图 3-31

3.2.4 【相关工具】

1. 插入 Flash 动画

Dreamweaver CC 2019 提供了插入 Flash 对象的功能，但要注意 Flash 动画的格式。例如 Flash 源文件（扩展名为.fla）格式的文件不能在浏览器中显示，而 Flash SWF 文件（扩展名为.swf）格式是 Flash 影片的压缩格式，该格式的文件可以在浏览器中显示。所以在 Dreamweaver CC 2019 中只能插入 Flash SWF 格式的文件，便于在 Web 浏览器上查看。

在网页中插入 Flash 动画的具体操作步骤如下。

（1）在文档编辑窗口的"设计"视图中，将光标放置在想要插入 Flash 影片的位置。

（2）通过以下 3 种方法打开"选择 SWF"对话框。

① 单击"插入"面板"HTML"选项卡中的"Flash SWF"按钮 。

② 选择"插入 > HTML > Flash SWF"命令。

③ 按 Ctrl+Alt+F 组合键。

（3）在"选择 SWF"对话框中选择一个扩展名为.swf 的文件，如图 3-32 所示，单击"确定"按钮完成设置。此时，Flash 占位符出现在文档编辑窗口中，如图 3-33 所示。

图 3-32

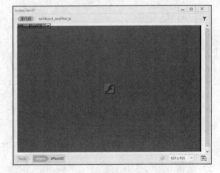

图 3-33

2. 插入 FLV

使用 Dreamweaver CC 2019 可以在网页中轻松添加 FLV，而无须使用 Flash 创作工具。但插入的 FLV 文件必须是经过编码的。

Dreamweaver 提供了以下选项，用于将 FLV 传送给网站访问者。

- "累进式下载视频"选项：将 FLV 文件下载到网站访问者的硬盘上，并允许在下载完成之前就开始播放视频文件。
- "流视频"选项：对视频内容进行流式处理，并在可确保流畅播放的缓冲时间后播放该视频。若要在 Dreamweaver CC 2019 的网页上启用流视频，必须具有访问 Adobe® Flash® Media Server 的权限，并且 FLV 必须经过编码。Dreamweaver CC 2019 中可以插入使用以下两种编解码器（压缩/解压缩技术）创建的 FLV 文件：Sorenson Squeeze 和 On2。

与 SWF 文件一样，在插入 FLV 文件时，Dreamweaver 将检测用户是否拥有查看视频的正确 Flash Player 版本。如果用户没有正确的 Flash Player 版本，则页面将显示替代内容，提示用户下载最新版本的 Flash Player。

 提 示　若要查看 FLV 文件，用户的计算机上必须安装 Flash Player 8 或更高的版本。如果用户没有安装所需的 Flash Player 版本，但安装了 Flash Player 6.0 r65 至 Flash Player 8 之间的版本，则浏览器将显示 Flash Player 快速安装程序，而非替代内容。如果用户拒绝快速安装，则页面会显示替代内容。

插入 FLV 的具体操作步骤如下。

（1）在文档编辑窗口的"设计"视图中，将光标放置在想要插入 FLV 的位置。

（2）通过以下两种方法，打开"插入 FLV"对话框，如图 3-34 所示。

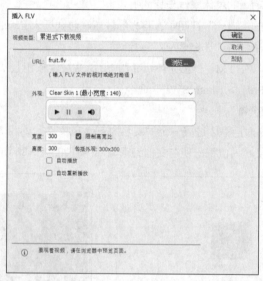

图 3-34

① 单击"插入"面板"HTML"选项卡中的"Flash Video"按钮 🔣。

② 选择"插入 > HTML > Flash Video"命令。

设置"累进式下载视频"的各选项作用如下。

- "URL"选项：指定 FLV 文件的相对路径或绝对路径。
- "外观"选项：指定视频组件的外观。所选外观的预览会显示在"外观"下拉列表框的下方。
- "宽度"选项：以像素为单位指定 FLV 文件的宽度。
- "高度"选项：以像素为单位指定 FLV 文件的高度。

提 示

"包括外观"是 FLV 文件的宽度和高度与所设置外观的宽度和高度相加得出的和。

- "限制高宽比"复选框：保持视频组件的宽度和高度之间的比例不变。默认情况下会勾选该复选框。
- "自动播放"复选框：指定在页面打开时是否播放视频。
- "自动重新播放"复选框：指定播放控件在视频播放完毕之后是否返回起始位置重新播放。

设置"流视频"的各选项作用如下。

- "服务器 URI"选项：以 rtmp://www.example.com/app_name/instance_name 的形式指定服务器名称、应用程序名称和实例名称。
- "流名称"选项：指定想要播放的 FLV 文件的名称（如 myvideo.flv）。扩展名.flv 是可选的。
- "实时视频输入"复选框：指定视频内容是否是实时的。如果勾选了"实时视频输入"复选框，则 Flash Player 将播放从 Flash® Media Server 流入的实时视频流。实时视频输入的名称是在"流名称"文本框中指定的名称。

 提 示

如果勾选了"实时视频输入"复选框，组件的外观上只会显示音量控件，因为用户无法操纵实时视频。此外，"自动播放"和"自动重新播放"复选框也不起作用了。

- "缓冲时间"选项：指定在视频开始播放之前进行缓冲处理所需的时间（以 s 为单位）。默认的缓冲时间为 0，这样在单击了"播放"按钮后视频会立即开始播放（如果勾选了"自动播放"复选框，则在建立与服务器的连接后视频立即开始播放）。如果要发送的视频的比特率高于站点访问者的连接速率，或者 Internet 通信导致带宽或连接问题，则可能需要设置缓冲时间。例如，如果要在网页播放视频之前将 15s 的视频发送到网页，则将缓冲时间设置为 15。

（3）在对话框中根据需要进行设置。单击"确定"按钮，将 FLV 插入文档编辑窗口中，此时，FLV 占位符出现在文档编辑窗口中，如图 3-35 所示。

3. 插入 Animate 作品

Animate 是 Adobe 出品的制作 HTML5 动画的可视化工具，可以简单地将其理解为 HTML5 版本的 Flash Pro。在使用 Dreamweaver CC 2019 制作的网页中同样可以插入 Animate 制作的作品。

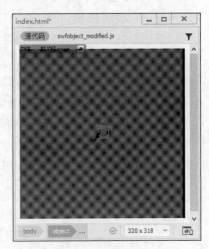

图 3-35

在网页中插入 Animate 作品的具体操作步骤如下。

（1）在文档编辑窗口的"设计"视图中，将光标放置在想要插入 Animate 作品的位置。

（2）通过以下 3 种方法启用 Animate 功能。

① 单击"插入"面板"HTML"选项卡中的"动画合成"按钮 📷。

② 选择"插入 > HTML > Animate 作品"命令。

③ 按 Ctrl+Alt+Shift+E 组合键。

（3）弹出"选择动画合成"对话框，如图 3-36 所示。选择一个 Animate 作品文件，单击"确定"按钮，即可在文档窗口中插入该 Animate 作品，如图 3-37 所示。

图 3-36   图 3-37

（4）保存文档，按 F12 键在浏览器中预览效果。

 提 示　　Dreamweaver CC 2019 中只能插入扩展名为.oam 的 Animate 作品，该格式文件是由 Animate 软件发布的 Animate 作品包。

4．插入 HTML5 Video

可以在使用 Dreamweaver CC 2019 制作的网页中插入 HTML5 视频。HTML5 视频元素提供了一种将电影或视频嵌入网页中的标准方式。

在网页中插入 HTML5 Video 的具体操作步骤如下。

（1）在文档编辑窗口的"设计"视图中，将光标放置在想要插入视频的位置。

（2）通过以下 3 种方法启用 HTML5 Video 功能。

① 在"插入"面板"HTML"选项卡中，单击"HTML5 Video"按钮　。

② 选择"插入 > HTML > HTML5 Video"命令。

③ 按 Ctrl+Shift+Alt+V 组合键。

（3）此时页面中插入了一个内部带有影片图标的矩形块，如图 3-38 所示。选中该图标，在"属性"面板中单击"源"选项右侧的"浏览"按钮　，在弹出的"选择视频"对话框中选择视频文件，如图 3-39 所示。单击"确定"按钮，此时的"属性"面板如图 3-40 所示。

 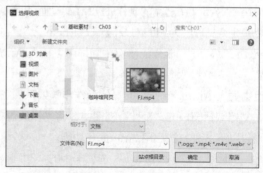

图 3-38   图 3-39

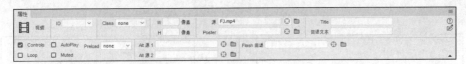

图 3-40

（4）保存文档，按 F12 键预览效果，如图 3-41 所示。

图 3-41

5. 插入音频

◎ 插入背景音乐

Dreamweaver CC 2019 的 HTML 提供了背景音乐< bgsound >标签，使用该标签可以为网页添加背景音乐效果。

在网页中插入背景音乐的具体操作步骤如下。

（1）新建一个空白文档并将其保存。单击"文档"工具栏中的"代码"按钮 代码，进入"代码"视图。将光标置于<body>…</body>标签中。

（2）在光标所在的位置输入"<b"，弹出代码提示菜单，选择"bgsound"选项，如图 3-42 所示，添加背景音乐代码 bgsound，如图 3-43 所示。

图 3-42

图 3-43

（3）按 Space 键，弹出代码提示菜单，选择"src"选项，如图 3-44 所示，在弹出的菜单中选择需要的音乐文件，如图 3-45 所示。

图 3-44

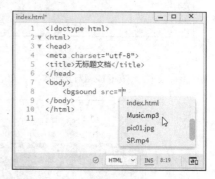

图 3-45

（4）音乐文件选好后，按 Space 键添加其他属性，如图 3-46 所示。输入"＞"自动生成结束代码，如图 3-47 所示。

图 3-46

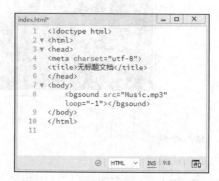

图 3-47

（5）保存文档，按 F12 键在浏览器中预览背景音乐效果。

 提 示

在网页中使用的音频主要有 MID、WAV、AIF、MP3 等格式。

◎ 插入音乐

插入音乐和插入背景音乐的效果不同，插入音乐可以在页面中看到播放器的外观，如播放、暂停、定位和音量等按钮。

在网页中插入音乐的具体操作步骤如下。

（1）在文档编辑窗口的"设计"视图中，将光标放置在想要插入音乐的位置。

（2）通过以下两种方法插入音乐。

① 单击"插入"面板"HTML"选项卡中的"HTML5 Audio"按钮 ◀。

② 选择"插入 ＞ HTML ＞ HTML5 Audio"命令。

（3）此时页面中插入了一个内部带有小喇叭图形的矩形块，如图 3-48 所示。选中该图形，在"属性"面板中单击"源"选项右侧的"浏览"按钮 ，在弹出的"选择音频"对话框中选择音频文件，如图 3-49 所示。单击"确定"按钮，此时的"属性"面板如图 3-50 所示。

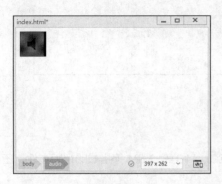

图 3-48

图 3-49

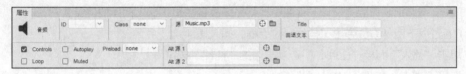

图 3-50

（4）保存文档，按 F12 键预览效果，如图 3-51
所示。

◎ 嵌入音乐

上面我们介绍了插入背景音乐及插入音乐的方法，
下面我们来讲解一下如何嵌入音乐。嵌入音乐和插入音
乐的效果基本相同，只不过嵌入音乐播放器的外观要比
插入音乐播放器的外观多几个按钮。

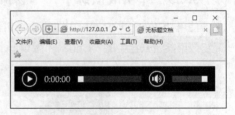

图 3-51

在网页中嵌入音乐的具体操作步骤如下。

（1）在文档编辑窗口的"设计"视图中，将光标放置在想要嵌入音乐的位置。

（2）通过以下两种方法打开"选择文件"对话框。

① 单击"插入"面板"HTML"选项卡中的"插件"按钮 ✱。

② 选择"插入 > HTML > 插件"命令。

（3）在"选择文件"对话框中选择音频文件，如图 3-52 所示，单击"确定"按钮，在文档编辑
窗口中会出现一个内部带有"拼图板"的矩形块，如图 3-53 所示。选中矩形块中的"拼图板"，在"属
性"面板中进行设置，如图 3-54 所示。

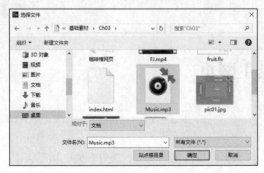

图 3-52

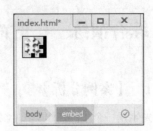

图 3-53

图 3-54

（4）保存文档，按 F12 键预览效果。

6. 插入插件

利用"插件"按钮，可以在网页中插入 AVI、MPEG、MOV、MP4 等格式的视频文件，还可以插入音频文件。

在网页中插入插件的具体操作步骤如下。

（1）在文档编辑窗口的"设计"视图中，将光标放置在想要插入插件的位置。

（2）通过以下两种方法弹出"插件"对话框，插入插件。

① 单击"插入"面板"HTML"选项卡中的"插件"按钮 ✚ 。

② 选择"插入 > HTML > 插件"命令。

3.2.5 【实战演练】——物流运输网页

使用"Flash SWF"按钮为网页文档插入 Flash 动画效果；使用"属性"面板设置动画背景透明。最终效果参看云盘中的"Ch03 > 效果 > 物流运输网页 > index.html"，如图 3-55 所示。

扫码观看
本案例视频

图 3-55

3.3　综合演练——时尚先生网页

3.3.1 【案例分析】

时尚先生是一个生活资讯类的网站，为广大男性提供生活消费、美好新闻、精品阅读、时装、休闲、理财等相关信息和咨询业务。现网站需要重新设计制作首页页面，设计要求符合行业特点且能够吸引用户目光。

3.3.2 【设计理念】

网页使用深灰色作为背景，能瞬间吸引人们的视线，达到宣传的目的；低调优雅的色系搭配，能够增强网页的视觉效果和观赏性；页面整体设计高端、大气，体现出网站特点和宣传特色。

3.3.3 【知识要点】

使用"Image"按钮插入图像，美化页面。最终效果参看云盘中的"Ch03 > 效果 > 时尚先生网页 > index.html"，如图 3-56 所示。

扫码观看
本案例视频

图 3-56

3.4 综合演练——五谷杂粮网页

3.4.1 【案例分析】

五谷杂粮是一个粮食类网站和美食交流社区，拥有多种优质粮食品种及海量原创美食菜谱。现网站新推出招商加盟和网络营销服务，需要重新设计网站页面，要求设计风格简洁，能够着重体现出宣传内容。

3.4.2 【设计理念】

蓝色和绿色的搭配给人健康、安全的感觉，大气的图文搭配使网页更具质感，细致全面的图文信息更加体现了网站周到的服务；简洁清晰的导航条设计更便于人们浏览；整体风格具有商业气息，让人耳目一新。

3.4.3 【知识要点】

使用"Flash SWF"按钮插入 Flash 动画效果。最终效果参看云盘中的"Ch03 > 效果 > 五谷

杂粮网页 > index.html"，如图 3-57 所示。

图 3-57

04

第 4 章
超链接

网站中的网页可以通过超链接的形式关联在一起，超链接是网页中非常重要且根本的元素之一。浏览者可以通过单击网页中的某个元素，轻松地实现网页之间的转换或下载文件、收发邮件等。要实现超链接，还要了解链接路径的知识。

课堂学习要点

✔ 超链接的概念
✔ 文本链接
✔ 图像链接
✔ ID 链接
✔ 热点链接

4.1　创意设计网页

4.1.1　【案例分析】

宏翊设计是一个优秀的设计师学习交流平台，提供海量优秀设计作品和文章，以及各类竞赛活动。现新一轮创意设计征集活动计划发布，要为其设计宣传网页，要求体现出网站特点和本期宣传特色。

4.1.2　【设计理念】

使用纯色作为网页背景，能够更加突出网页宣传的主体；页面设计干净整洁，使浏览者一目了然；整体设计独特前卫，符合设计类行业的特色。最终效果参看云盘中的"Ch04 > 素材 > 创意设计网页 > index.html"，如图 4-1 所示。

扫码观看
本案例视频

图 4-1

4.1.3　【操作步骤】

1. 制作电子邮件链接

（1）选择"文件 > 打开"命令，在弹出的"打开"对话框中，选择云盘中的"Ch04 > 素材 > 创意设计网页 > index.html"文件，单击"打开"按钮打开文件，如图 4-2 所示。选中电子邮箱，如图 4-3 所示。

图 4-2

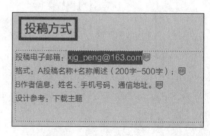

图 4-3

（2）单击"插入"面板"HTML"选项卡中的"电子邮件链接"按钮 ✉，在弹出的"电子邮件链接"对话框中进行设置，如图 4-4 所示。单击"确定"按钮，电子邮箱的下方出现下划线，如图 4-5 所示。

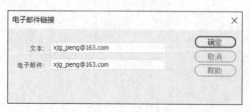

图 4-4

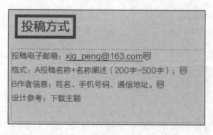

图 4-5

（3）选择"文件 > 页面属性"命令，弹出"页面属性"对话框，在左侧的"分类"列表框中选择"链接（CSS）"选项，将"链接颜色选项设为红色（#FF0000）"，"变换图像链接"选项设为白色，"已访问链接"选项设为红色（#FF0000），"活动链接"选项设为白色，在"下划线样式"下拉列表中选择"始终有下划线"选项，如图 4-6 所示。单击"确定"按钮，效果如图 4-7 所示。

图 4-6

图 4-7

2. 制作下载文件链接

（1）选中文字"下载主题"，如图 4-8 所示。在"属性"面板中，单击"链接"选项右侧的"浏览文件"按钮，弹出"选择文件"对话框，选择云盘中"Ch04 > 素材 > 创意设计网页 > images"文件夹中的"tpl.zip"文件，如图 4-9 所示。单击"确定"按钮，将"tpl.zip"文件链接到文本框中，在"目标"下拉列表中选择"_blank"选项，如图 4-10 所示。

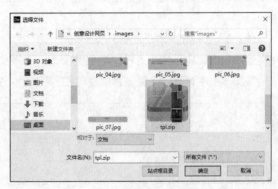

图 4-8

图 4-9

图 4-10

（2）保存文档，按 F12 键预览效果。单击插入的电子邮件链接，效果如图 4-11 所示。单击"下载主题"，将弹出提示条，在提示条中可以根据提示进行操作，如图 4-12 所示。

图 4-11

图 4-12

4.1.4 【相关工具】

1. 超链接的概念

超链接的主要作用是将物理上无序的网页组成一个有机的统一体。超链接对象上存放着对应网页或其他文件的地址。在浏览网页时，当用户将鼠标指针移到某些文字或图像上时，鼠标指针会改变形状或颜色，这就是在提示浏览者：此对象为链接对象。用户只需单击这些链接对象，就可完成打开链接的网页、下载文件、打开邮件工具及收发邮件等操作。

2. 创建文本链接

创建文本链接时，主要是在链接文本的"属性"面板中指定链接文件。指定链接文件的方法有以下 3 种。

◎ 直接输入要链接文件的路径和文件名

在文档编辑窗口中选中作为链接对象的文本。选择"窗口 > 属性"命令，弹出"属性"面板。在"链接"文本框中直接输入要链接文件的路径和文件名，如图 4-13 所示。

图 4-13

提示　要链接到本地站点中的一个文件，直接输入文档相对路径或站点根目录相对路径；要链接到本地站点以外的文件，直接输入绝对路径。

◎ 使用"浏览文件"按钮

在文档编辑窗口中选中作为链接对象的文本。在"属性"面板中，单击"链接"选项右侧的"浏览文件"按钮，弹出"选择文件"对话框。选择要链接的文件，在"相对于"下拉列表中选择"文档"选项，如图 4-14 所示。单击"确定"按钮。

提 示 　（1）在"相对于"下拉列表中有两个选项。选择"文档"选项，表示使用文档相对路径来链接；选择"站点根目录"选项，表示使用站点根目录相对路径来链接。
　（2）一般要链接本地站点中的文件时，最好不要使用绝对路径，因为如果文件移动了，文件内所有的绝对路径都将被打断，会造成链接错误。

图 4-14

◎ 使用"指向文件"按钮

使用"指向文件"按钮⊕，可以快捷地指定站点窗口内的链接文件。

在文档编辑窗口中选中作为链接对象的文本，在"属性"面板中，拖曳"指向文件"按钮⊕指向右侧站点窗口内的文件，如图 4-15 所示。松开鼠标左键，"链接"文本框中会显示出所建立的链接。

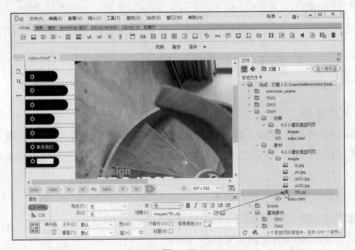

图 4-15

当完成文件链接后，"属性"面板中的"目标"选项变为可用，其下拉列表中各选项的作用如下。

● "_blank"选项：将链接文件加载到未命名的新浏览器窗口中。

● "_parent"选项：将链接文件加载到包含该链接的父框架集或窗口中。如果包含链接的框架不是嵌套的，则将链接文件加载到整个浏览器窗口中。

● "_self"选项：将链接文件加载到链接所在的同一框架或窗口中。此目标是默认的，因此通常不需要指定它。

● "_top"选项：将链接文件加载到整个浏览器窗口中，并由此删除所有框架。

3. 设置文本链接的状态

一个未被访问过的链接文字与一个被访问过的链接文字在形式上应该是有所区别的，以提示浏览者链接文字所指示的网页是否已被访问过。设置链接文字状态的具体操作步骤如下。

（1）选择"文件 > 页面属性"命令，弹出"页面属性"对话框。

（2）在对话框中设置文本的链接状态。在左侧的"分类"列表框中选择"链接（CSS）"选项，如图 4-16 所示，单击"链接颜色"选项右侧的图标，在弹出的拾色器对话框中，选择一种颜色来设置链接文字的颜色。

单击"变换图像链接"选项右侧的图标，在弹出的拾色器对话框中，选择一种颜色来设置鼠标指针经过链接时文字的颜色。

单击"已访问链接"选项右侧的图标，在弹出的拾色器对话框中，选择一种颜色来设置访问过的链接文字的颜色。

单击"活动链接"选项右侧的图标，在弹出的拾色器对话框中，选择一种颜色来设置活动的链接文字的颜色。

在"下划线样式"选项的下拉列表中设置链接文字是否加下划线，如图 4-17 所示。

图 4-16

图 4-17

4. 创建下载文件链接

浏览网站的目的往往是查找并下载资料，在网站中提供文件下载可利用创建下载文件链接来实现。创建下载文件链接的步骤与创建文字链接相似，区别在于所链接的文件不是网页文件而是其他文件，如 EXE、ZIP 等格式的文件。

创建下载文件链接的具体操作步骤如下。

（1）在文档编辑窗口中选择需添加下载文件链接的网页对象。

（2）在"链接"文本框中指定链接文件。

（3）按 F12 键预览网页。

5. 创建电子邮件链接

网站一般只是作为单向传播的工具将各网页中的信息传达给浏览者，但网站建立者可能需要接收浏览者的反馈信息，一种有效的方式是让浏览者给网站建立者发送电子邮件。在网页中创建电子邮件链接就可以实现这种反馈。

每当浏览者单击设置为电子邮件链接的网页对象时，就会打开电子邮件处理工具（如微软公司的 Outlook Express），并且工具自动将收信人地址设为网站建设者的电子邮箱地址，方便浏览者给网站发送反馈信息。

◎ 利用"属性"面板创建电子邮件链接

（1）在文档编辑窗口中选择链接对象，一般是文字，如"联系我们"。

（2）在"链接"文本框中输入"mailto: 地址"。例如，网站管理者的电子邮箱地址是"xjg_peng@163.com"，则在"链接"文本框中输入"mailto: xjg_peng@163.com"，如图 4-18所示。

图 4-18

◎ 利用"电子邮件链接"对话框创建电子邮件链接

（1）在文档编辑窗口中选择需要添加电子邮件链接的网页对象。

（2）通过以下两种方法打开"电子邮件链接"对话框。

① 选择"插入 > HTML > 电子邮件链接"命令。

② 单击"插入"面板"HTML"选项卡中的"电子邮件链接"按钮 ✉ 。

（3）在"文本"文本框中输入要在网页中显示的链接文字，并在"电子邮件"文本框中输入完整的电子邮箱地址，如图 4-19 所示。单击"确定"按钮，即完成电子邮件链接的创建。

图 4-19

4.1.5 【实战演练】——建筑模型网页

使用"电子邮件链接"按钮，制作电子邮件链接效果；使用"浏览文件"按钮，为文字制作下载文件链接效果。最终效果参看云盘中的"Ch04 > 素材 > 建筑模型网页 > index.html"，如图 4-20 所示。

扫码观看
本案例视频

4.2 狮立地板网页

4.2.1 【案例分析】

狮立家装是一家以创享品质生活为理念的健康环保家装公司，现公司衍生出独立产品狮立地板，需要为其设计制作网站页面，设计要求体现出公司绿色环保的理念和品质特点。

图 4-20

4.2.2 【设计理念】

网页的背景采用木材的摄影照片，能够达到吸引人眼球的效果；网页的整体设计给人干净清爽的感觉，没有多余的修饰，能够让浏览者直观、快速地感受到品牌要传达的理念，达到商家的宣传目的。最终效果参看云盘中的"Ch04 > 素材 > 狮立地板网页 > index.html"，如图 4-21 所示。

扫码观看
本案例视频

图 4-21

4.2.3　【操作步骤】

（1）选择"文件 > 打开"命令，在弹出的"打开"对话框中，选择云盘中的"Ch04 > 素材 > 狮立地板网页 > index.html"文件，单击"打开"按钮打开文件，如图 4-22 所示。将光标置入图 4-23 所示的单元格中。

图 4-22　　　　　　　　　　　　　　　　　　　　　图 4-23

（2）单击"插入"面板"HTML"选项卡中的"鼠标经过图像"按钮 ，弹出"插入鼠标经过图像"对话框，如图 4-24 所示。单击"原始图像"选项右侧的"浏览"按钮，弹出"原始图像"对话框，选择云盘中的"Ch04 > 素材 > 狮立地板网页 > images > img_a.png"文件，单击"确定"按钮，返回到"插入鼠标经过图像"对话框中，如图 4-25 所示。单击"鼠标经过图像"选项右侧的"浏览"按钮，弹出"鼠标经过图像"对话框，选择云盘中的"Ch04 > 素材 > 狮立地板网页 > images > img_a1.png"文件，单击"确定"按钮，返回到"插入鼠标经过图像"对话框中，如图 4-26 所示。单击"确定"按钮，文档效果如图 4-27 所示。

图 4-24　　　　　　　　　　　　　图 4-25

图 4-26

图 4-27

（3）用相同的方法为其他单元格插入图像，制作出图 4-28 所示的效果。

图 4-28

（4）保存文档，按 F12 键预览效果，如图 4-29 所示。将鼠标指针移到图像上时，图像发生变化，效果如图 4-30 所示。

图 4-29

图 4-30

4.2.4 【相关工具】

1. 创建图像链接

所谓图像链接就是以图像作为链接对象，当用户单击该图像时就会打开链接网页或其他文件。创建图像链接的操作步骤如下。

（1）在文档编辑窗口中选择图像。

（2）在"属性"面板中，单击"链接"选项右侧的"浏览文件"按钮 ，为图像添加相对路径的链接。

（3）在"替换"选项中输入替代文字。设置替代文字后，当图像不能下载时，会在图像的位置上显示替代文字；当浏览者将鼠标指针指向图像时也会显示替代文字。

（4）按 F12 键预览网页的效果。

> **提 示**　　图像链接不像文本链接，文本链接会发生许多提示性的变化，而图像链接只有当鼠标指针经过图像时指针才呈现手形。

2. 创建鼠标指针经过图像链接

"鼠标指针经过图像"是一种常用的互动技术，当鼠标指针经过图像时，图像会随之发生变化。一般，"鼠标指针经过图像"效果由两张大小相等的图像形成，一张图像称为主图像，另一张图像称为次图像。主图像是首次载入网页时显示的图像，次图像是当鼠标指针经过时更换的另一张图像。"鼠标指针经过图像"效果经常应用于网页中的按钮上。创建鼠标指针经过图像链接的具体操作步骤如下。

（1）在文档编辑窗口中将光标放置在需要添加图像的位置。

（2）通过以下两种方法弹出"插入鼠标经过图像"对话框，如图 4-31 所示。

① 选择"插入 > HTML > 鼠标经过图像"命令。

② 单击"插入"面板"HTML"选项卡中的"鼠标经过图像"按钮 。

图 4-31

"插入鼠标经过图像"对话框中各选项的作用如下。

- "图像名称"选项：设置鼠标指针经过的图像对象的名称。

- "原始图像"选项：设置载入网页时显示的主图像文件的路径。

- "鼠标经过图像"选项：设置在鼠标指针经过主图像时显示的次图像文件的路径。

- "预载鼠标经过图像"复选框：若希望图像预先载入浏览器的缓存中，以便鼠标指针经过图像时不发生延迟，则勾选此复选框。

- "替换文本"选项：设置替换文本的内容。设置后，在浏览器中当图片不能加载时，会在图片位置上显示替代文字；当浏览者将鼠标指针指向图像时也会显示替代文字。

- "按下时，前往的 URL"选项：设置跳转网页文件的路径，当浏览者单击图像时打开此网页或其他文件。

（3）在对话框中按照需要设置选项，然后单击"确定"按钮完成设置。按 F12 键预览网页。

3. 创建 ID 链接

使用 ID 链接可以在 HTML5 中实现 HTML4.01 中的锚点链接效果，也就是跳转到页面中的某个指定位置。

若网页的内容很多，为了寻找一个主题，浏览者往往需要拖曳滚动条进行查看，非常不方便。Dreamweaver CC 2019 提供了 ID 链接功能，可快速定位到网页的不同位置。

◎ 创建 ID 标记

（1）打开要加入 ID 标记的网页。

（2）将光标移到某一个主题内容处。

（3）在"属性"面板"ID"文本框中输入一个名称（如"top"），如图 4-32 所示，创建 ID 标记。

图 4-32

◎ 建立 ID 链接

（1）选择链接对象，如某主题文字。

（2）在"属性"面板的"链接"文本框中直接输入"#ID 名称"（如"#top"），如图 4-33 所示。

（3）按 F12 键预览网页的效果。

图 4-33

4. 创建热点链接

前面介绍的图像链接，一张图只能对应一个链接，但有时需要在一张图上创建多个链接去打开不同的网页。Dreamweaver CC 2019 为网站设计者提供的热点链接，就能实现这个功能。

创建热点链接的具体操作步骤如下。

（1）选取一张图片，在"属性"面板的"地图"选项下方单击热点按钮，如图 4-34 所示。

图 4-34

各按钮的作用如下。

- "指针热点工具"按钮 ：用于选择不同的热点。
- "矩形热点工具"按钮 ：用于创建矩形热点。
- "圆形热点工具"按钮 ：用于创建圆形热点。
- "多边形热点工具"按钮 ：用于创建多边形热点。

（2）将鼠标指针放在图片上，当鼠标指针变为"+"时，在图片上拖曳出相应形状的淡绿色热点。如果图片上有多个热点，可通过"指针热点工具"按钮 ▶ 选择不同的热点，并通过热点的控制点调整热点的大小。例如，利用"圆形热点工具"按钮 ○，在图 4-35 所示区域建立多个圆形链接热点。

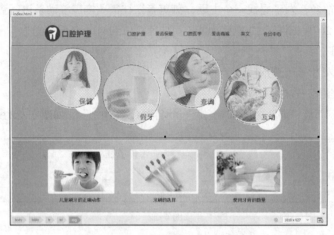

图 4-35

（3）此时，对应的"属性"面板如图 4-36 所示。在"链接"文本框中输入要链接的网页地址，在"替换"文本框中输入当鼠标指针指向热点时所显示的替换文字。通过热点功能，用户可以在图片的任何地方创建一个链接。反复操作，就可以在一张图片上划分很多热点功能，并为每一个热点设置一个链接，从而实现在一张图片不同位置上单击链接到不同页面的效果。

图 4-36

（4）按 F12 键预览网页的效果，如图 4-37 所示。

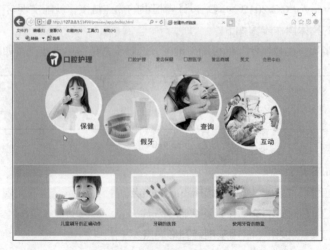

图 4-37

4.2.5 【实战演练】——影像天地网页

使用"属性"面板，创建 ID 标记；使用"链接"选项，制作鼠标经过图像的 ID 链接效果。最终效果参看云盘中的"Ch04 > 效果 > 影像天地网页 > index.html"，如图 4-38 所示。

扫码观看
本案例视频

图 4-38

4.3 综合演练——摩托车维修网页

4.3.1 【案例分析】

摩托车维修网是一个摩托车销售平台，主营摩托车维修、摩托车咨询、摩托车报价和销售等业务，平台掌握多类摩托车品牌及型号信息，并为摩托车爱好者提供交流的论坛。现网站要进行升级，需要设计网站页面，要求能突出平台特点和特色。

4.3.2 【设计理念】

双色的背景使网页看上去更具质感；整齐排列的的照片及文字使网页看上去更加整洁清晰；网页留有大量空白，使网页设计更具特色，画面更加开阔，整体风格大气时尚。

4.3.3 【知识要点】

使用"电子邮件链接"命令，制作电子邮件链接效果；使用"浏览文件"按钮，为文字制作下载文件链接效果。最终效果参看云盘中的"Ch04 > 效果 > 摩托车维修网页 > index.html"，如图 4-39 所示。

扫码观看
本案例视频

图 4-39

4.4　综合演练——建筑规划网页

4.4.1　【案例分析】

风和地产是一家建筑设计类公司，主要经营建筑规划设计、观演建筑和教育建筑设计、楼宇规划等业务。现公司上市，需要设计制作线上网站，设计要求能够展示出公司风采，并体现出公司经营业务。

4.4.2　【设计理念】

网页使用低明度的色彩进行搭配，给人沉稳安全的感觉；网页的设计以图片为主，使人能够直观地接收到网页信息，导航栏设计简洁，网页分类明确，方便浏览。整体风格设计直观明了，使浏览者感到赏心悦目。

4.4.3　【知识要点】

使用热点按钮，为图像添加热点；使用"属性"面板，为热点创建超链接。最终效果参看云盘中的"Ch04 > 效果 > 建筑规划网页 > index.html"，如图 4-40 所示。

扫码观看
本案例视频

图 4-40

05

第 5 章
使用表格

表格是网页设计中一个非常有用的工具，它不仅可以将相关数据有序地排列在一起，还可以精确地定位文字、图像等网页元素在页面中的位置，使得页面在形式上既丰富多彩又条理清楚，在组织上井然有序而不显单调。使用表格进行页面布局的好处之一是，即使浏览者改变计算机的分辨率也不会影响网页的浏览效果。因此，表格是网站设计人员必须掌握的工具。表格运用得是否熟练，是划分专业制作人士和业余爱好者的一个重要标准。

课堂学习要点

- ✔ 表格的简单操作
- ✔ 表格的复杂操作
- ✔ 表格的嵌套

5.1 租车网页

5.1.1 【案例分析】

CAR 是一家大型出租车公司，公司提供车型价格查询、自驾短租、自驾长租、预约租车等多项服务。现要为公司设计制作网站，要求重点突出新款车型的优惠活动及平台完善的服务模式。

5.1.2 【设计理念】

使用实景照片作为网页的背景图，整体画面色彩丰富，能够让人感受到自由出行给人带来的好心情，更体现出平台车型的多样和丰富；简洁干净的图文搭配使用户在浏览网页时能够迅速抓住重点。最终效果参看云盘中的"Ch05 > 效果 > 租车网页 > index.html"，如图 5-1 所示。

图 5-1

5.1.3 【操作步骤】

（1）启动 Dreamweaver CC 2019，新建一个空白文档。新建页面的初始名称是"Untitled-1.html"。选择"文件 > 保存"命令，弹出"另存为"对话框，在"保存在"下拉列表中选择站点目录保存路径，在"文件名"文本框中输入"index"，单击"保存"按钮，返回到文档编辑窗口。

（2）选择"文件 > 页面属性"命令，在弹出的"页面属性"对话框左侧的"分类"列表框中选择"外观（CSS）"选项，将"大小"选项设为 14px，"文本颜色"选项设为白色，"左边距""右边距""上边距"和"下边距"选项均设为 0px，如图 5-2 所示。

（3）在"分类"列表框中选择"标题/编码"选项，在"标题"文本框中输入"租车网页"，如图 5-3 所示，单击"确定"按钮，完成页面属性的修改。

图 5-2

图 5-3

（4）单击"插入"面板"HTML"选项卡中的"Table"按钮 ▦，在弹出的"Table"对话框中进行设置，如图 5-4 所示，单击"确定"按钮，完成表格的插入。保持表格的选取状态，在"属性"面板的"Align"下拉列表中选择"居中对齐"选项，效果如图 5-5 所示。

图 5-4 图 5-5

（5）选择"窗口 > CSS 设计器"命令，弹出"CSS 设计器"面板，如图 5-6 所示。单击"选择器"选项组中的"添加选择器"按钮 **+**，在"选择器"选项组中出现文本框，输入名称".bj"，按 Enter 键确认输入，如图 5-7 所示；在"属性"选项组中单击"背景"按钮 ▨，切换到背景属性，单击"url"选项右侧的"浏览"按钮 ▣，在弹出的"选择图像源文件"对话框中，选择云盘中的"Ch05 > 素材 > 租车网页 > images > bj.jpg"文件，单击"确定"按钮，返回到"CSS 设计器"面板，单击"background-repeat"选项右侧的"repeat-x"按钮 ▥，如图 5-8 所示。

（6）将光标置入第 1 行单元格中，在"属性"面板的"水平"下拉列表中选择"居中对齐"选项，"类"下拉列表中选择"bj"选项，将"高"选项设为 40。在该单元格中插入一个 1 行 2 列、宽为 800 像素的表格，如图 5-9 所示。

图 5-6 图 5-7 图 5-8

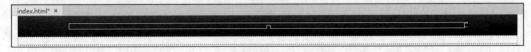

图 5-9

（7）将光标置入表格的第 1 列单元格中，单击"插入"面板"HTML"选项卡中的"Image"按钮 ▣，在弹出的"选择图像源文件"对话框中，选择云盘"Ch05 > 素材 > 租车网页 > images"

文件夹中的"logo.png"文件。单击"确定"按钮，完成图片的插入，如图 5-10 所示。

图 5-10

（8）将光标置入第 2 列单元格中，在"属性"面板的"水平"下拉列表中选择"右对齐"选项，在该单元格中输入文字，如图 5-11 所示。

图 5-11

（9）将光标置入主体表格的第 2 行单元格中，单击"插入"面板"HTML"选项卡中的"Image"按钮 ，在弹出的"选择图像源文件"对话框中，选择云盘"Ch05 > 素材 > 租车网页 > images"文件夹中的"pic_01.jpg"文件，单击"确定"按钮，完成图片的插入，如图 5-12 所示。

图 5-12

（10）将光标置入主体表格的第 3 行单元格中，单击"插入"面板"HTML"选项卡中的"Image"按钮 ，在弹出的"选择图像源文件"对话框中，选择云盘"Ch05 > 素材 > 租车网页 > images"文件夹中的"pic_02.jpg"文件，单击"确定"按钮，完成图片的插入，如图 5-13 所示。

图 5-13

（11）将光标置入主体表格的第 4 行单元格中，在"属性"面板的"水平"下拉列表中选择"居中对齐"选项，将"高"选项设为 220，"背景颜色"选项设为蓝色（#4489cf）。单击"插入"面板"HTML"选项卡中的"Image"按钮 ，在弹出的"选择图像源文件"对话框中，选择云盘"Ch05 > 素材 > 租车网页 > images"文件夹中的"pic_03.png"文件，单击"确定"按钮，完成图片的插入，如图 5-14 所示。

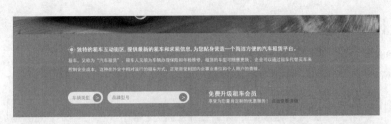

图 5-14

（12）在"CSS 设计器"面板中，单击"选择器"选项组中的"添加选择器"按钮**+**，在"选择器"选项组中出现文本框，输入名称".text"，按 Enter 键确认输入，如图 5-15 所示；在"属性"选项组中单击"文本"按钮**T**，切换到文本属性，将"color"选项设为灰色（#535353），如图 5-16 所示。

图 5-15

图 5-16

（13）将光标置入主体表格的第 5 行单元格中，在"属性"面板的"水平"下拉列表中选择"居中对齐"选项，"类"下拉列表中选择"text"选项，将"高"选项设为 66，"背景颜色"选项设为淡灰色（#e0dfdf），在该单元格中输入文字，效果如图 5-17 所示。

图 5-17

（14）保存文档，按 F12 键预览效果，如图 5-18 所示。

图 5-18

5.1.4 【相关工具】

1. 表格的组成

表格包含行、列、单元格、表格标题等元素，如图 5-19 所示。

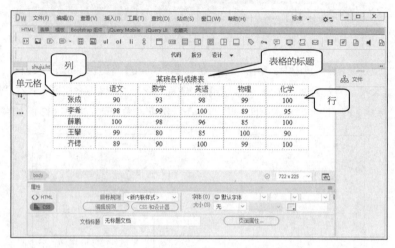

图 5-19

表格元素所对应的 HTML 标签如下。

- <table> </table>：标示表格的开始和结束。设置它的常用参数，可以指定表格高度、表格宽度、框线的宽度、背景图像、背景颜色、单元格间距、单元格边界和内容的距离，以及表格相对页面的对齐方式。

- <tr> </tr>：标示表格的行。设置它的常用参数，可以指定行的背景图像、行的背景颜色、行的对齐方式。

- <td></td>：标示表格的标准列。设置它的常用参数，可以指定列的对齐方式、列的背景图像、列的背景颜色、列的宽度、单元格垂直对齐方式等。

- <caption> </caption>：标示表格的标题。

- <th> </th>：标示表格的表头列。

虽然 Dreamweaver CC 2019 允许用户在"设计"视图中直接操作行、列和单元格，但对于复杂的表格，通过鼠标选择需要的对象很困难，所以对于网站设计者来说，必须了解表格元素的 HTML 标签的基本内容。

当选定表格或表格中有光标时，Dreamweaver CC 2019 会显示表格的宽度和每列的列宽。宽度标示线上有表格标题菜单与列标题菜单的箭头，如图 5-20 所示。

某班各科成绩表				
	语文	数学	英语	物理	化学
张成	90	93	98	99	100
李希	98	99	100	89	95
薛鹏	100	98	96	85	100
王攀	99	80	85	100	90
齐锶	89	90	100	99	100

图 5-20

用户可以根据需要打开或关闭表格和列的宽度显示。打开或关闭表格和列的宽度显示有以下两种方法。

① 选定表格或在表格中插入光标，然后选择"查看 ＞ 设计视图选项 ＞ 可视化助理 ＞ 表格宽度"命令。

② 用鼠标右键单击表格，在弹出的菜单中选择"表格 ＞ 表格宽度"命令。

2．插入表格

与传统意义的表格作用一样，在 Dreamweaver CC 2019 中插入表格，是有效组织数据的最佳手段。

插入表格的具体操作步骤如下。

（1）在文档编辑窗口中，将光标放到合适的位置。

（2）通过以下两种方法弹出"Table"对话框，如图 5-21 所示。

图 5-21

① 选择"插入 ＞ Table"命令。

② 按 Ctrl+Alt+T 组合键。

③ 单击"插入"面板"HTML"选项卡中的"Table"按钮 ⊞ 。

"Table"对话框中各选项的作用如下。

● "表格大小"选项组：用于表格行数、列数，以及表格宽度、边框粗细、单元格间距和边距等参数的设置。

"行数"选项：设置表格的行数。

"列"选项：设置表格的列数。

"表格宽度"选项：以像素为单位或以浏览器窗口宽度的百分比设置表格的宽度。

"边框粗细"选项：以像素为单位设置表格边框的宽度。对于大多数浏览器来说，此选项的值设置为 1。用表格进行页面布局时应将此选项的值设置为 0，这样浏览网页时网页就不会显示表格的边框。

"单元格边距"选项：设置单元格边框与单元格内容之间的像素数。对于大多数浏览器来说，此选项的值设置为 1。用表格进行页面布局时应将此选项的值设置为 0，这样浏览网页时单元格边框与内容之间就没有间距。

"单元格间距"选项：设置相邻的单元格之间的像素数。对于大多数浏览器来说，此选项的值设置为 2。用表格进行页面布局时应将此选项的值设置为 0，这样浏览网页时单元格之间就没有间距。

● "标题"选项组：设置是否显示标题和标题的显示部位。

"标题"选项：在该文本框中输入表格标题。

"摘要"选项：对表格的说明，但是该文本不会显示在用户的浏览器中，仅在源代码中显示，可提高源代码的可读性。

提 示　　在"Table"对话框中，将"边框粗细"选项设置为 0 时，在窗口中不显示表格的边框；若要查看单元格和表格边框，选择"查看 ＞ 设计视图选项 ＞ 可视化助理 ＞ 表格边框"命令即可。

（3）根据需要选择新建表格的大小、行列数值等，单击"确定"按钮完成新建表格的设置。

3. 表格各元素的属性

插入表格后，选择不同的表格对象，可以在"属性"面板中看到它们的各项参数，修改这些参数可以得到不同风格的表格。

◎ 表格的属性

表格的"属性"面板如图 5-22 所示，各选项的作用如下。

图 5-22

- "表格"选项：用于设置表格的名称，便于 CSS 控制表格样式。
- "行"和"列"选项：用于设置表格中行和列的数目。
- "宽"选项：以像素为单位或以浏览器窗口宽度的百分比来设置表格的宽度。
- "CellPad"选项：也称单元格边距，是单元格内容和单元格边框之间的像素数。对于大多数浏览器来说，此选项的值设为 1。用表格进行页面布局时应将此选项的值设置为 0，这样浏览网页时单元格边框与内容之间就没有间距。
- "CellSpace"选项：也称单元格间距，是相邻的单元格之间的像素数。对于大多数浏览器来说，此选项的值设为 2。用表格进行页面布局时应将此选项的值设置为 0，这样浏览网页时单元格之间就没有间距。
- "Align"选项：表格在页面中相对于同一段落其他元素的显示位置。
- "Border"选项：以像素为单位设置表格边框的宽度。
- "Class"选项：设置表格样式。
- "清除列宽"按钮 和"清除行高"按钮 ：从表格中删除所有明确指定的列宽或行高的数值。
- "将表格宽度转换成像素"按钮 ：将表格每列宽度的单位转换成像素，也可将表格宽度的单位转换成像素。
- "将表格宽度转换成百分比"按钮 ：将表格每列宽度的单位转换成百分比，也可将表格宽度的单位转换成百分比。

提 示

如果没有明确指定单元格间距和单元格边距的值，则大多数浏览器按单元格边距为 1、单元格间距为 2 显示表格。

◎ 单元格、行、列的属性

单元格、行、列的"属性"面板如图 5-23 所示，各选项的作用如下。

图 5-23

- "合并所选单元格，使用跨度"按钮□：将选定的多个单元格、选定的行或列的单元格合并成一个单元格。

- "拆分单元格为行或列"按钮↔：将选定的一个单元格拆分成多个单元格。一次只能对一个单元格进行拆分，若选择多个单元格，此按钮禁用。

- "水平"选项：设置行或列中内容的水平对齐方式，包括"默认""左对齐""居中对齐""右对齐"4个选项值。一般标题行的所有单元格设置为"居中对齐"。

- "垂直"选项：设置行或列中内容的垂直对齐方式，包括"默认""顶端""居中""底部""基线"5个选项值，一般采用"居中"对齐方式。

- "宽"和"高"选项：以像素为单位设置单元格的宽度或高度。

- "不换行"复选框：设置单元格文本是否换行。如果勾选该复选框，当输入的数据超出单元格的宽度时，会自动增加单元格的宽度来容纳数据。

- "标题"复选框：设置是否将行或列的每个单元格的格式设置为表格标题单元格的格式。

- "背景颜色"选项：设置单元格的背景颜色。

4. 在表格中插入内容

建立表格后，可以在表格中添加各种网页元素，如文本、图像和表格等。在表格中添加元素的操作非常简单，只需根据设计要求选定单元格，然后插入网页元素即可。一般当表格中插入内容后，表格的尺寸会随内容的尺寸自动调整。当然，还可以利用单元格的属性来调整其内部元素的对齐方式和单元格的大小等。

◎ 输入文字

在单元格中输入文字，有以下两种方法。

（1）单击任意一个单元格并直接输入文本，此时单元格会随文本的输入自动扩展。

（2）粘贴从其他文字编辑软件中复制的带有格式的文本。

◎ 插入其他网页元素

嵌套表格。将光标置入一个单元格内并插入表格，即可实现表格嵌套。

插入图像。在表格中插入图像有以下4种方法。

（1）将光标置入一个单元格中，单击"插入"面板"HTML"选项卡中的"Image"按钮▦。

（2）将光标置入一个单元格中，选择"插入 > Image"命令，或按 Ctrl+Alt+I 组合键。

（3）将光标置入一个单元格中，将"插入"面板"HTML"选项卡中的"Image"按钮▦拖曳到单元格内。

（4）从计算机的资源管理器、站点资源管理器或桌面上直接将图像文件拖曳到一个需要插入图像的单元格内。

5. 选择表格元素

表格中的元素需要先选中，然后才能对其进行操作。可以选择整个表格、多行或多列，也可以选择一个或多个单元格。

◎ 选择整个表格

选择整个表格有以下4种方法。

（1）将鼠标指针放到表格的四周边缘，鼠标指针右下角出现图标▦，如图 5-24 所示，单击即可选中整个表格，如图 5-25 所示。

某班各科成绩表

	语文	数学	英语	物理	化学
张成	90	93	98	99	100
李希	98	99	100	89	95
薛鹏	100	98	96	85	100
王肇	99	80	85	100	90
齐锶	89	90	100	99	100

图 5-24

某班各科成绩表

	语文	数学	英语	物理	化学
张成	90	93	98	99	100
李希	98	99	100	89	95
薛鹏	100	98	96	85	100
王肇	99	80	85	100	90
齐锶	89	90	100	99	100

图 5-25

（2）将光标置入表格中的任意单元格中，在文档编辑窗口左下角的标签栏中选择<table>标签 table ，如图 5-26 所示。

（3）将光标置入表格中，选择"编辑 > 表格 > 选择表格"命令。

（4）在任意单元格中单击鼠标右键，在弹出的菜单中选择"表格 > 选择表格"命令，如图 5-27 所示。

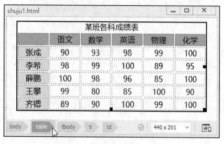

图 5-26

图 5-27

◎ 选择行或列

（1）选择单行或单列：定位鼠标指针，使其指向行的左边缘或列的上边缘。当鼠标指针出现向右或向下的箭头时单击即可选中该行或该列，如图 5-28 所示。

某班各科成绩表

	语文	数学	英语	物理	化学
张成	90	93	98	99	100
李希	98	99	100	89	95
薛鹏	100	98	96	85	100
王肇	99	80	85	100	90
齐锶	89	90	100	99	100

某班各科成绩表

	语文	数学	英语	物理	化学
张成	90	93	98	99	100
李希	98	99	100	89	95
薛鹏	100	98	96	85	100
王肇	99	80	85	100	90
齐锶	89	90	100	99	100

图 5-28

（2）选择多行或多列：定位鼠标指针，使其指向行的左边缘或列的上边缘。当鼠标指针变为方向箭头时，按住并拖曳鼠标可选择连续的行或列，如图 5-29 所示；按住 Ctrl 键的同时单击行或列，可选择非连续的行或列，如图 5-30 所示。

某班各科成绩表

	语文	数学	英语	物理	化学
张成	90	93	98	99	100
李希	98	99	100	89	95
薛鹏	100	98	96	85	100
王肇	99	80	85	100	90
齐锶	89	90	100	99	100

某班各科成绩表

	语文	数学	英语	物理	化学
张成	90	93	98	99	100
李希	98	99	100	89	95
薛鹏	100	98	96	85	100
王肇	99	80	85	100	90
齐锶	89	90	100	99	100

图 5-29　　　　　　　　　　　　　　　　图 5-30

◎ 选择单元格

选择单元格有以下 3 种方法。

（1）将光标置入想要选中的单元格中，在文档编辑窗口左下角的标签栏中选择\<td\>标签 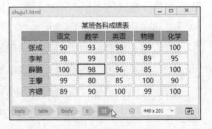，如图 5-31 所示。

（2）单击任意单元格后，按住鼠标左键不放，直接拖曳鼠标选择单元格。

（3）将光标置入单元格中，选择"编辑 > 全选"命令，或按 Ctrl+A 组合键，即可选中光标所在的单元格。

◎ 选择一个矩形区域

图 5-31

选择一个矩形区域有以下两种方法。

（1）将鼠标指针从一个单元格向右下方拖曳到另一个单元格。例如将鼠标指针从"张成"单元格向右下方拖曳到"100"单元格，得到图 5-32 所示的选中区域。

（2）选择矩形左上角所在位置对应的单元格，按住 Shift 键的同时单击矩形块右下角所在位置对应的单元格。这两个单元格定义的直线或以此直线为对角线的矩形区域中的所有单元格都将被选中。

◎ 选择不相邻的单元格

按住 Ctrl 键的同时单击某个单元格即可选中该单元格，当再次单击这个单元格时则取消对它的选中，如图 5-33 所示。

某班各科成绩表

	语文	数学	英语	物理	化学
张成	90	93	98	99	100
李希	98	99	100	89	95
薛鹏	100	98	96	85	100
王攀	99	80	85	100	90
齐锶	89	90	100	99	100

图 5-32

某班各科成绩表

	语文	数学	英语	物理	化学
张成	90	93	98	99	100
李希	98	99	100	89	95
薛鹏	100	98	96	85	100
王攀	99	80	85	100	90
齐锶	89	90	100	99	100

图 5-33

6. 复制、剪切、粘贴表格

在 Dreamweaver CC 2019 中复制表格的操作与 Word 中的一样，可以对表格中的多个单元格进行复制、剪切、粘贴操作，并保留原单元格的格式，也可以仅对单元格的内容进行操作。

◎ 复制单元格

选定表格的一个或多个单元格后，选择"编辑 > 拷贝"命令，或按 Ctrl+C 组合键，将选择的内容复制到剪贴板中。剪贴板是一块由系统分配的暂时存放剪切和复制内容的特殊内存区域。

◎ 剪切单元格

选定表格的一个或多个单元格后，选择"编辑 > 剪切"命令，或按 Ctrl+X 组合键，将选择的内容剪切到剪贴板中。

提 示

必须选择连续的矩形区域，否则不能进行复制和剪切操作。

◎ 粘贴单元格

将光标置入网页的适当位置，选择“编辑 > 粘贴”命令，或按 Ctrl+V 组合键，即可将当前剪贴板中包含格式的表格内容粘贴到光标所在位置。

◎ 粘贴操作的几点说明

（1）只要剪贴板的内容和选定单元格的内容兼容，选定单元格的内容就将被替换。

（2）如果在表格外粘贴，则剪贴板中的内容将作为一个新表格出现，如图 5-34 所示。

（3）可以先选择“编辑 > 拷贝”命令进行复制，然后选择“编辑 > 选择性粘贴”命令，或按 Ctrl+Shift+V 组合键，弹出“选择性粘贴”对话框，如图 5-35 所示，设置完成后单击“确定”按钮进行有选择的粘贴。

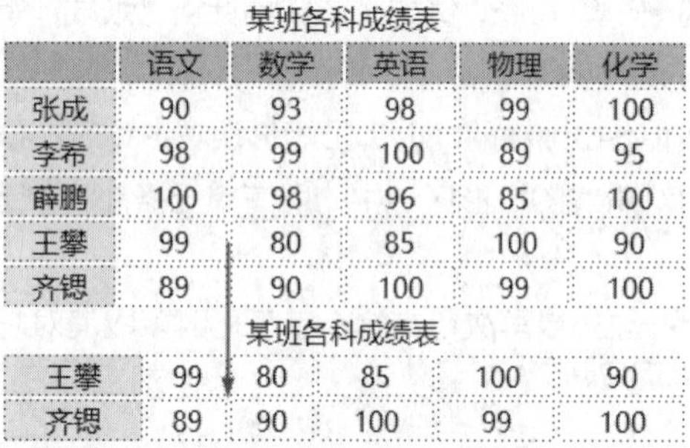
某班各科成绩表
语文 数学 英语 物理 化学
张成 90 93 98 99 100
李希 98 99 100 89 95
薛鹏 100 98 96 85 100
王攀 99 80 85 100 90
齐锶 89 90 100 99 100
某班各科成绩表
王攀 99 80 85 100 90
齐锶 89 90 100 99 100

图 5-34

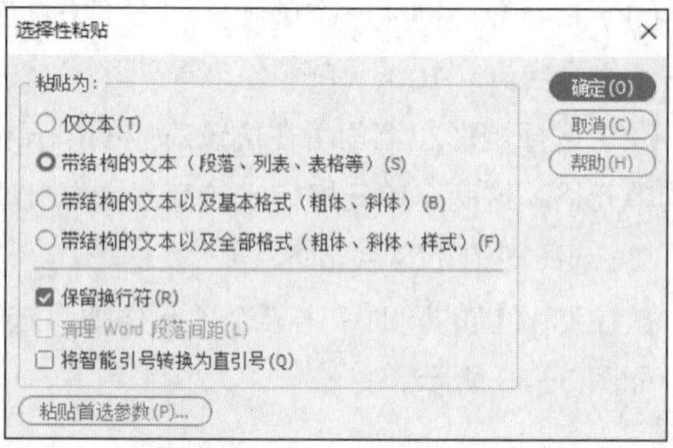
选择性粘贴
粘贴为：
仅文本(T)
带结构的文本（段落、列表、表格等）(S)
带结构的文本以及基本格式（粗体、斜体）(B)
带结构的文本以及全部格式（粗体、斜体、样式）(F)
保留换行符(R)
清理 Word 段落间距(L)
将智能引号转换为直引号(Q)
粘贴首选参数(P)...
确定(O)
取消(C)
帮助(H)

图 5-35

7. 清除内容和删除行或列

删除表格的操作包括删除行或列，以及清除表格内容。

◎ 清除表格内容

选定表格中要清除内容的区域后，按 Delete 键即可清除所选区域的内容。

◎ 删除行或列

选定表格中要删除的行或列后，要实现删除行或列的操作有以下 4 种方法。

（1）选择“编辑 > 表格 > 删除行”命令，或按 Ctrl+Shift+M 组合键，删除选择区域所在的行。

（2）选择“编辑 > 表格 > 删除列”命令，或按 Ctrl+Shift+ -组合键，删除选择区域所在的列。

（3）在表格边框上单击鼠标右键，在弹出的菜单中选择“表格 > 删除行”或“表格 > 删除列”命令，删除选择区域所在的行或列。

（4）按 BackSpace 键，可以将选中的行或列删除。

8. 缩放表格

创建表格后，可根据需要调整表格、行和列的大小。

◎ 缩放表格

缩放表格有以下两种方法。

（1）将鼠标指针放在选定表格的边框上，当鼠标指针变为↔时，如图 5-36 所示，左右拖曳边框，可以实现表格的缩放，如图 5-37 所示。

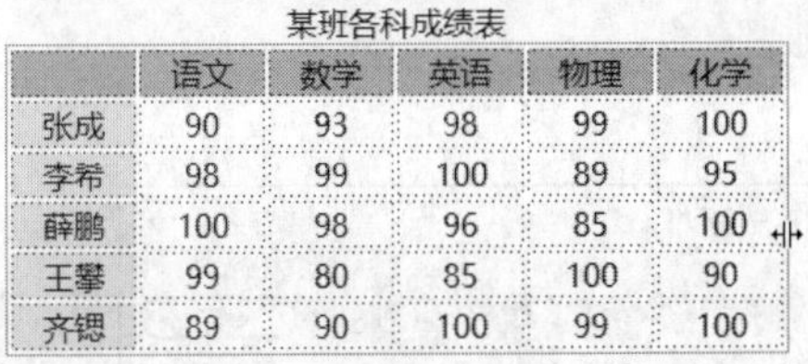

某班各科成绩表					
	语文	数学	英语	物理	化学
张成	90	93	98	99	100
李希	98	99	100	89	95
薛鹏	100	98	96	85	100
王攀	99	80	85	100	90
齐锶	89	90	100	99	100

图 5-36

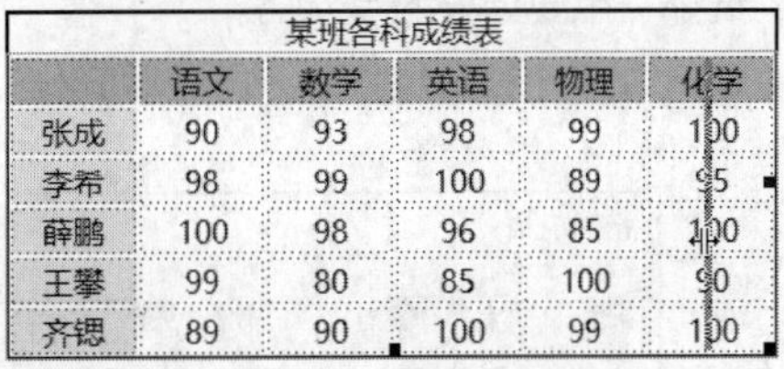

某班各科成绩表					
	语文	数学	英语	物理	化学
张成	90	93	98	99	100
李希	98	99	100	89	95
薛鹏	100	98	96	85	100
王攀	99	80	85	100	90
齐锶	89	90	100	99	100

图 5-37

（2）选中表格，直接修改"属性"面板中"宽"和"高"选项的值。

◎ 修改行或列的大小

修改行或列的大小有以下两种方法。

（1）直接拖曳鼠标。改变行高，可上下拖曳行的底边线，如图 5-38 所示；改变列宽，可左右拖曳列的右边线，如图 5-39 所示。

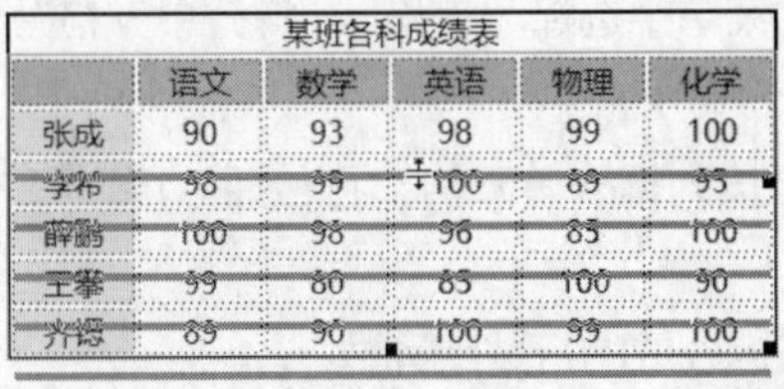

某班各科成绩表					
	语文	数学	英语	物理	化学
张成	90	93	98	99	100
李希	98	99	100	89	95
薛鹏	100	98	96	85	100
王攀	99	80	85	100	90
齐锶	89	90	100	99	100

图 5-38

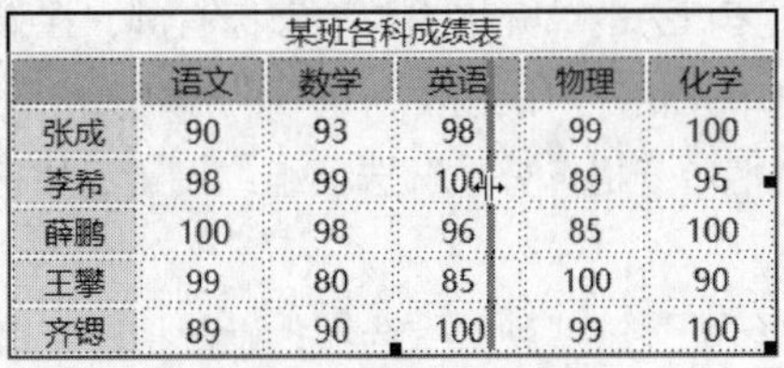

某班各科成绩表					
	语文	数学	英语	物理	化学
张成	90	93	98	99	100
李希	98	99	100	89	95
薛鹏	100	98	96	85	100
王攀	99	80	85	100	90
齐锶	89	90	100	99	100

图 5-39

（2）输入行高或列宽的值。选中单元格，直接修改"属性"面板中的"宽"和"高"选项的值。

9. 合并和拆分单元格

◎ 合并单元格

有的表格项需要几行或几列来说明，这时需要将多个单元格合并，生成一个跨多个列或行的单元格，如图 5-40 所示。

选择连续的单元格后，就可将它们合并成一个单元格。合并单元格有以下 4 种方法。

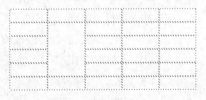

图 5-40

（1）按 Ctrl+Alt+M 组合键。

（2）选择"编辑 > 表格 > 合并单元格"命令。

（3）单击"属性"面板中的"合并所选单元格，使用跨度"按钮 。

（4）在表格边框上单击鼠标右键，在弹出的菜单中选择"表格 > 合并单元格"命令。

提 示

合并前的多个单元格的内容将合并到一个单元格中。不相邻的单元格不能合并，并应保证合并的是矩形的单元格区域。

◎ 拆分单元格

有时为了满足设计的需要，要将一个表格项分成多个单元格以详细显示不同的内容，这就必须将单元格进行拆分。

拆分单元格的具体操作步骤如下。

（1）选择一个要拆分的单元格。

（2）通过以下4种方法打开"拆分单元格"对话框，如图5-41所示。

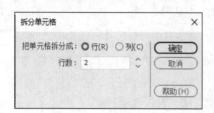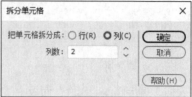

图5-41

① 按 Ctrl+Alt+Shift+T 组合键。

② 选择"编辑 > 表格 > 拆分单元格"命令。

③ 在"属性"面板中，单击"拆分单元格为行或列"按钮 ⅲ 。

④ 在要拆分的单元格内单击鼠标右键，在弹出的菜单中选择"表格 > 拆分单元格"命令。

"拆分单元格"对话框中各选项的作用如下。

- "把单元格拆分成"选项组：设置是按行还是按列拆分单元格，它包括"行"和"列"两个单选按钮。

- "行数"或"列数"选项：设置将指定单元格拆分成的行数或列数。

（3）根据需要进行设置，单击"确定"按钮完成单元格的拆分。

10. 增加表格的行和列

如果想增加网页中表格的内容，不需要重新插入新表格，选择"编辑 > 表格"中的相应子菜单命令，添加行或列，即可加入新的内容。

◎ 插入单行或单列

选择一个单元格后，就可以在该单元格的上下或左右插入一行或一列。

插入单行或单列有以下几种方法。

（1）插入行。

① 选择"编辑 > 表格 > 插入行"命令，在所选单元格的上面插入一行。

② 按 Ctrl+M 组合键，在所选单元格的上面插入一行。

③ 在所选单元格内单击鼠标右键，在弹出的菜单中选择"表格 > 插入行"命令，在所选单元格的上面插入一行。

（2）插入列。

① 选择"编辑 > 表格 > 插入列"命令，在所选单元格的左侧插入一列。

② 按 Ctrl+Shift+A 组合键，在所选单元格的左侧插入一列。

③ 在所选单元格内单击鼠标右键，在弹出的菜单中选择"表格 > 插入列"命令，在所选单元格的左侧插入一列。

◎ 插入多行或多列

选中一个单元格，选择"编辑 > 表格 > 插入行或列"命令，弹出"插入行或列"对话框。根据需要在对话框中进行设置，可实现在当前行的上面或下面插入多行，如图5-42所示；或在当前列的左侧或右侧插入多列，如图5-43所示。

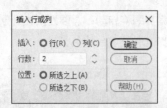

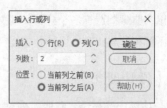

图 5-42   图 5-43

"插入行或列"对话框中各选项的作用如下。

- "插入"选项组：设置是插入行还是列，它包括"行"和"列"两个单选按钮。
- "行数"或"列数"选项：设置要插入行或列的数目。
- "位置"选项组：设置新行或新列相对于所选单元格所在行或列的位置。

提 示

在表格的最后一个单元格中按 Tab 键会自动在表格的下方新添一行。

5.1.5 【实战演练】——营养美食网页

使用"页面属性"命令设置页面的边距和标题；使用"表格"按钮插入表格；使用"CSS 样式"命令为单元格添加背景图像效果；使用"图像"按钮插入图像。最终效果参看云盘中的"Ch05 > 效果 > 营养美食网页 > index.html"，如图 5-44 所示。

扫码观看
本案例视频

图 5-44

5.2 典藏博物馆网页

5.2.1 【案例分析】

典藏是一家征集、陈列和研究文化遗产的博物馆，馆内分类管理明确，藏品信息齐全，包括历史沿革、文博快讯、典藏精选等多个分类。现文物藏品大奖赛即将启动，需要为其设计制作官网页面，以便更多用户了解和参与比赛，设计要求能突出此次大赛信息及平台特色。

5.2.2　【设计理念】

整个页面背景采用深色调，展现出雍容、大气的平台特点；整洁有序的排版表现出网站的细致；导航栏的设计清晰明快，方便用户浏览和查找。网页设计具有古朴的氛围，柔和的线条使网站看起来更加舒适。最终效果参看云盘中的"Ch05 > 效果 > 典藏博物馆网页 > index.html"，如图 5-45 所示。

图 5-45

5.2.3　【操作步骤】

1.　导入表格式数据

（1）选择"文件 > 打开"命令，在弹出的"打开"对话框中，选择云盘中的"Ch05 > 素材 > 典藏博物馆网页 > index.html"文件，单击"打开"按钮打开文件，如图 5-46 所示。将光标放置在要导入表格式数据的位置，如图 5-47 所示。

图 5-46　　　　　　　　　　　　　　　　图 5-47

（2）选择"文件 > 导入 > 表格式数据"命令，弹出"导入表格式数据"对话框。单击"数据文件"文本框右侧的"浏览"按钮，弹出"打开"对话框，选择云盘中的"Ch05 > 素材 > 5.2.1-典藏博物馆网页 > SJ.txt"文件，单击"打开"按钮，返回到"导入表格式数据"对话框中，如图 5-48所示。单击"确定"按钮，导入表格式数据，效果如图 5-49 所示。

图 5-48　　　　　　　　　　　　　　　　图 5-49

（3）保持表格的选取状态，在"属性"面板中，将"宽"选项设为 800，效果如图 5-50 所示。

图 5-50

（4）将第 1 列单元格全部选中，如图 5-51 所示。在"属性"面板中，将"宽"选项设为 260，"高"选项设为 35，效果如图 5-52 所示。

图 5-51

图 5-52

（5）选中第 2 列所有单元格，在"属性"面板的"水平"下拉列表中选择"居中对齐"选项，将"宽"选项设为 220。选中第 3 列和第 4 列所有单元格，在"属性"面板的"水平"下拉列表中选择"居中对齐"选项，将"宽"选项设为 160，效果如图 5-53 所示。

图 5-53

（6）选择"窗口 > CSS 设计器"命令，弹出"CSS 设计器"面板，如图 5-54 所示。在"源"选项组中选择"<style>"选项；单击"选择器"选项组中的"添加选择器"按钮 **+**，在"选择器"选项组中的文本框中输入".bt"，按 Enter 键确认，如图 5-55 所示。在"属性"选项组中单击"文本"按钮 **T**，切换到文本属性，将"color"设为褐色（#5b5b43），"font-size"设为 18px，如图 5-56 所示。

图 5-54　　　　　　　　　　图 5-55　　　　　　　　　　图 5-56

（7）选中图 5-57 所示的文字，在"属性"面板的"类"下拉列表中选择".bt"选项，应用样式，效果如图 5-58 所示。用相同的方法为其他文字应用样式，效果如图 5-59 所示。

图 5-57　　　　　　　　　　图 5-58　　　　　　　　　　　　　　图 5-59

（8）在"CSS 设计器"面板中，单击"选择器"选项组中的"添加选择器"按钮 ✚，在"选择器"选项组中的文本框中输入".text"，按 Enter 键确认，如图 5-60 所示；在"属性"选项组中单击"文本"按钮 T，切换到文本属性，将"color"设为褐色（#7b7b60），如图 5-61 所示。

图 5-60　　　　　　　　　　图 5-61

（9）选中图 5-62 所示的单元格区域，在"属性"面板"类"选项的下拉列表中选择".text"选项，应用样式，效果如图 5-63 所示。

活动标题	时间	地点	人物
【纪录片欣赏】春蚕	10-13 周六 14:00-16:00	观众活动中心	50人
【专题讲座】夏衍: 世纪的同龄人	10-13 周六 10:00-12:00	观众活动中心	120人
【专题导览】货币艺术	10-19 周五 15:00-16:00	观众活动中心	100人
【专题讲座】内蒙古博物院	10-27 周六 14:00-16:00	观众活动中心	150人
【纪录片欣赏】风云儿女	10-28 周日 14:00-16:00	观众活动中心	113人

图 5-62

活动标题	时间	地点	人物
【纪录片欣赏】春蚕	10-13 周六 14:00-16:00	观众活动中心	50人
【专题讲座】夏衍: 世纪的同龄人	10-13 周六 10:00-12:00	观众活动中心	120人
【专题导览】货币艺术	10-19 周五 15:00-16:00	观众活动中心	100人
【专题讲座】内蒙古博物院	10-27 周六 14:00-16:00	观众活动中心	150人
【纪录片欣赏】风云儿女	10-28 周日 14:00-16:00	观众活动中心	113人

图 5-63

（10）按住 Ctrl 键的同时选中图 5-64 所示的单元行，在"属性"面板中，将"背景颜色"选项设为灰色（#dcdcda），效果如图 5-65 所示。

活动标题	时间	地点	人物
【纪录片欣赏】春蚕	10-13 周六 14:00-16:00	观众活动中心	50人
【专题讲座】夏衍: 世纪的同龄人	10-13 周六 10:00-12:00	观众活动中心	120人
【专题导览】货币艺术	10-19 周五 15:00-16:00	观众活动中心	100人
【专题讲座】内蒙古博物院	10-27 周六 14:00-16:00	观众活动中心	150人
【纪录片欣赏】风云儿女	10-28 周日 14:00-16:00	观众活动中心	113人

图 5-64

活动标题	时间	地点	人物
【纪录片欣赏】春蚕	10-13 周六 14:00-16:00	观众活动中心	50人
【专题讲座】夏衍: 世纪的同龄人	10-13 周六 10:00-12:00	观众活动中心	120人
【专题导览】货币艺术	10-19 周五 15:00-16:00	观众活动中心	100人
【专题讲座】内蒙古博物院	10-27 周六 14:00-16:00	观众活动中心	150人
【纪录片欣赏】风云儿女	10-28 周日 14:00-16:00	观众活动中心	113人

图 5-65

（11）保存文档，按 F12 键预览效果，如图 5-66 所示。

图 5-66

2. 排序表格

（1）选中图 5-67 所示的表格，选择"编辑 > 表格 > 排序表格"命令，弹出"排序表格"对话框，如图 5-68 所示。在"排序按"下拉列表中选择"列 1"选项，在"顺序"下拉列表中选择"按字母顺序"选项，在后面的下拉列表中选择"降序"选项，如图 5-69 所示。单击"确定"按钮，对表格进行排序，效果如图 5-70 所示。

活动标题	时间	地点	人物
【纪录片欣赏】春蚕	10-13 周六 14:00-16:00	观众活动中心	50人
【专题讲座】夏衍：世纪的同龄人	10-13 周六 10:00-12:00	观众活动中心	120人
【专题导览】货币艺术	10-19 周五 15:00-16:00	观众活动中心	100人
【专题讲座】内蒙古博物院	10-27 周六 14:00-16:00	观众活动中心	150人
【纪录片欣赏】风云儿女	10-28 周日 14:00-16:00	观众活动中心	113人

图 5-67

图 5-68

图 5-69

活动标题	时间	地点	人物
【专题讲座】夏衍：世纪的同龄人	10-13 周六 10:00-12:00	观众活动中心	120人
【专题讲座】内蒙古博物院	10-27 周六 14:00-16:00	观众活动中心	150人
【专题导览】货币艺术	10-19 周五 15:00-16:00	观众活动中心	100人
【纪录片欣赏】风云儿女	10-28 周日 14:00-16:00	观众活动中心	113人
【纪录片欣赏】春蚕	10-13 周六 14:00-16:00	观众活动中心	50人

图 5-70

（2）保存文档，按 F12 键预览效果，如图 5-71 所示。

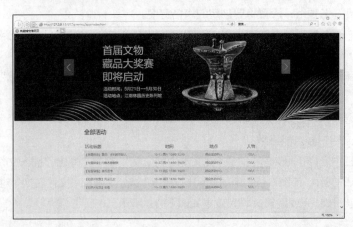

图 5-71

5.2.4 【相关工具】

1. 导入和导出表格的数据

在 Dreamweaver CC 2019 中，可以将一个网页中的表格导出为文件或导入其他表格数据文件。导出的表格文件还可以作为文本导入 Word 文档中。

◎ 将网页中的表格导出

选择"文件 > 导出 > 表格"命令，弹出"导出表格"对话框，如图 5-72 所示。根据需要设置参数，单击"导出"按钮，弹出"表格导出为"对话框，输入保存导出数据的文件名称，单击"保存"按钮完成设置。

"导出表格"对话框中各选项的作用如下。

- "定界符"选项：设置导出文件所使用的分隔符。
- "换行符"选项：设置打开导出文件的操作系统。

◎ 在其他网页中导入表格数据

选择"文件 > 导入 > 数据式表格"命令，弹出"导入数据式表格"对话框，如图 5-73 所示。然后根据需要进行选项设置，最后单击"确定"按钮完成设置。

图 5-72

图 5-73

"导入表格式数据"对话框中各选项的作用如下。

- "数据文件"选项：单击"浏览"按钮选择要导入的文件。
- "定界符"选项：设置正在导入的表格文件所使用的分隔符，包括 Tab、逗号等选项值。如果选择"其他"选项，要在选项右侧的文本框中输入导入文件使用的分隔符。

- "表格宽度"选项组：设置将要创建的表格宽度。
- "单元格边距"选项：以像素为单位设置单元格内容与单元格边框之间的距离。
- "单元格间距"选项：以像素为单位设置相邻单元格之间的距离。
- "格式化首行"选项：设置应用于表格首行的格式，包括"无格式""粗体""斜体""加粗斜体"等。
- "边框"选项：设置表格边框的宽度。

◎ 在 Word 文档中导入表格数据

在 Word 文档中选择"插入 > 对象 > 文本中的文字"命令，弹出"插入文件"对话框，在对话框中选择要导入的文件，如图 5-74 所示，单击"插入"按钮，弹出"文件转换"对话框，如图 5-75 所示。单击"确定"按钮完成设置，导入效果如图 5-76 所示。

图 5-74

图 5-75

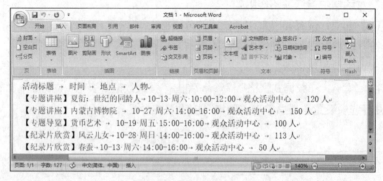
图 5-76

2. 表格数据排序

日常工作中，网站设计者常常需要对无序的表格数据进行排序，以便浏览者快速找到所需的数据。Dreamweaver CC 2019 的表格数据排序功能可以为设计者解决这一难题。

将光标放到要排序的表格中，然后选择"编辑 > 表格 > 排序表格"命令，弹出"排序表格"对话框，如图 5-77 所示。根据需要设置相应选项，单击"应用"或"确定"按钮完成设置。

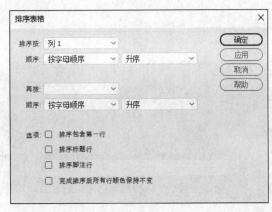

图 5-77

"排序表格"对话框中各选项的作用如下。

- "排序按"选项：设置表格按哪列的值进行排序。

- "顺序"选项：设置是按字母还是按数字顺序，以及是以升序（从 A 到 Z 或从小数字到大数字）还是降序对列进行排序。当列的内容是数字时，选择"按数字顺序"。如果按字母顺序对一组由 1 位或两位数字组成的数进行排序，则会将这些数字作为单词按照从左到右的方式进行排序，而不是按数字大小进行排序。如 1、2、3、10、20、30，若按字母排序，则结果为 1、10、2、20、3、30；若按数字排序，则结果为 1、2、3、10、20、30。

- "再按"和"顺序"选项：按第 1 种排序方法排序后，当排序的列中出现相同的结果时按第 2 种排序方法排序。可以在这两个选项中设置第 2 种排序方法，设置方法与第 1 种排序的设置方法相同。

- "选项"选项组：设置是否将表头标题行、脚注行等一起进行排序。

"排序包含第一行"复选框：设置表格的第 1 行是否应该排序。如果第 1 行是不应移动的表头，则不勾选此复选框。

"排序标题行"复选框：设置是否对标题行进行排序。

"排序脚注行"复选框：设置是否对脚注行进行排序。

"完成排序后所有行颜色保持不变"复选框：设置排序后是否保持原行的颜色值。如果表格行使用两种交替的颜色，则不要勾选此复选框以确保排序后的表格行仍为颜色交替。如果特定的行设置了特定的颜色，则应勾选此复选框以确保这些特定颜色与排序后正确的行关联在一起。

提 示

有"合并单元格"的表格是不能使用"排序表格"命令的。

3. 表格的嵌套

当一个表格无法满足对网页元素的定位时，需要在表格的一个单元格中继续插入表格，这叫作表格的嵌套，单元格中的表格即内嵌入式表格。通过内嵌入式表格可以将一个单元格再分成许多行和列，而且可以无限地插入内嵌入式表格。但是内嵌入式表格越多，浏览时加载页面的时间越长，因此，内嵌入式的表格最好不超过 3 层。包含嵌套表格的网页如图 5-78 所示。

图 5-78

5.2.5 【实战演练】——OA 办公系统网页

使用"表格式数据"命令，导入外部表格数据；使用"属性"面板，改变表格的高度和对齐方式；使用"CSS 设计器"面板，改变文字的颜色。最终效果参看云盘中的"Ch05 > 效果 > OA 办公系统网页 > index.html"，如图 5-79 所示。

扫码观看本案例视频

图 5-79

5.3 综合演练——绿色粮仓网页

5.3.1 【案例分析】

绿色粮仓是一个以环保有机为发展目标的粮食生产基地，现为了更好地宣传公司理念，需要设计制作自己的网站，要求网站具有特色，让人印象深刻。

5.3.2 【设计理念】

金灿灿的麦田背景给人带来丰收的喜悦；色彩搭配适宜，给人强烈的视觉冲击，凸显出了画面的烟火气息。整体风格符合绿色粮仓的特色，画面搭配舒适和谐。

5.3.3 【知识要点】

使用"表格式数据"命令，导入外部表格数据；使用"排序表格"命令，将表格的数据排序。最终效果参看云盘中的"Ch05 > 效果 > 绿色粮仓网页 > index.html"，如图 5-80 所示。

扫码观看
本案例视频

图 5-80

5.4 综合演练——火锅餐厅网页

5.4.1 【案例分析】

火锅，古称"古董羹"，因投料入沸水时发出的"咕咚"声而得名。火锅餐厅，以麻辣醇香远近闻名，是人们约会聚餐的首选之地。现餐厅要设计制作自己的网站，要求时尚新潮，符合年轻人的口味。

5.4.2 【设计理念】

模糊的火锅背景能够给浏览者带来好奇心；红色的色块在画面中突出，也符合火锅的特色，色块的排放有秩序，使画面看起来整齐并具有规律。网页设计突出了宣传的主题。

5.4.3 【知识要点】

使用"Table"按钮插入表格；使用"Image"按钮插入图像；使用"CSS 设计器"面板为单元格添加背景图像并控制文字大小和字体。最终效果参看云盘中的"Ch05 > 效果 > 火锅餐厅网页 >

index.html"，如图 5-81 所示。

图 5-81

扫码观看
本案例视频

06

第 6 章
ASP

活动服务器页面（Active Server Pages，ASP）是一种动态网页格式，其编写相对简单，可以轻松地实现对页面内容的动态控制，根据不同的浏览者，显示不同的页面内容且易于修改和测试。本章主要介绍 ASP 动态网页基础和内置对象，包括 ASP 运行环境的搭建、ASP 语法基础、数组的创建与应用及流程控制语句等。

课堂学习要点

✔ ASP 动态网页基础

✔ ASP 内置对象

6.1　节能环保网页

6.1.1　【案例分析】

节能环保是一家以生产节能灯泡为主营业务的新能源开发公司，倡导节能环保，新能源开发是公司的主要发展方向。本案例设计制作节能环保网站页面，设计要求突出节能环保的主题及公司的发展战略和方针。

6.1.2　【设计理念】

使用实景照片作为背景，增加画面的清新自然之感，灯泡和植物相依靠的图片使网页颇具深意；规整的编排使信息传达更加直观清晰，可读性强；网页设计内容丰富，整体文字及图片整洁，搭配适宜，以清新自然的手法和方式诠释节能环保的主题，别具一格。最终效果参看云盘中的"Ch06 > 效果 > 节能环保网页 > index.asp"，如图 6-1 所示。

扫码观看
本案例视频

图 6-1

6.1.3　【操作步骤】

（1）选择"文件 > 打开"命令，在弹出的"打开"对话框中，选择云盘中的"Ch06 > 素材 > 节能环保网页 > index.asp"文件，单击"打开"按钮，效果如图 6-2 所示。将光标置于图 6-3 所示的单元格中。

图 6-2

图 6-3

（2）单击文档窗口上方的"拆分"按钮拆分，切换到"拆分"视图，此时光标位于单元格标签中，如图 6-4 所示。输入文字和代码"当前时间为：<%=Now()%>"，如图 6-5 所示。

```
21        </tr>
22 ▼      <tr>
23            <td height="43" align="right" class="bj"> </td>
24            <td>
25                <img src="images/pic_04.jpg" width="62" height="43" alt=""></td>
26        </tr>
```

图 6-4

```
21          </tr>
22  ▼       <tr>
23              <td height="43" align="right" class="bj">当前时间为：<%=Now()%></td>
24          <td>
25              <img src="images/pic_04.jpg" width="62" height="43" alt=""></td>
26          </tr>
```

图 6-5

（3）单击文档窗口上方的"设计"按钮 **设计**，切换到"设计"视图，单元格效果如图 6-6 所示。保存文档，预览页面，效果如图 6-7 所示。

图 6-6   图 6-7

6.1.4　【相关工具】

1．ASP 运行环境的搭建

ASP 的主要功能是把脚本语言、HTML、组件和 Web 数据库访问功能有机地结合在一起，形成一个能在服务器端运行的应用程序，该应用程序可根据来自浏览器端的请求生成相应的 HTML 文档并回送给浏览器。使用 ASP 可以创建以 HTML 网页作为用户界面，并能够与数据库进行交互的 Web 应用程序。

◎ ASP 运行环境

（1）在 Windows 2000 Server / Professional 操作系统下安装并运行 IIS 5.0。

（2）在 Windows XP Professional 操作系统下安装并运行 IIS 5.1。

（3）在 Windows Server 2003 操作系统下安装并运行 IIS 6.0。

（4）在 Windows Vista / Windows Server 2008/ Windows 7 / Windows 10 操作系统下安装并运行 IIS 7.0。

◎ 安装 IIS

IIS（Internet Information Services，互联网信息服务）是微软公司提供的一种互联网基本服务，已经被作为组件集成在 Windows 操作系统中。如果用户安装的是 Windows Server 2000 或 Windows Server 2003 等操作系统，则在安装时会自动安装相应版本的 IIS；如果安装的是 Windows 7 或 Windows 10 等操作系统，默认情况下不会安装 IIS，这时，需要进行手动安装，步骤如下。

（1）选择"开始 > Windows 系统 > 控制面板"命令，打开"控制面板"窗口，单击"程序"按钮，进入"程序"窗口，单击"启用或关闭 Windows 功能"按钮，弹出"Windows 功能"窗口，如图 6-8 所示。在"Internet Information Services"中勾选相应的 Windows 功能，如图 6-9 所示。

图 6-8   图 6-9

（2）设置完成后，单击"确定"按钮，系统会自动添加勾选的功能，如图 6-10 所示。

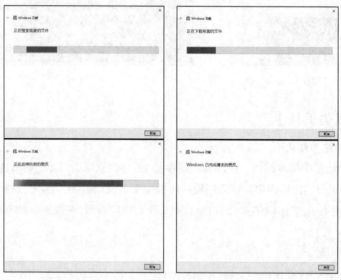

图 6-10

（3）安装完成后，需要对 IIS 进行简单的设置。单击"程序"窗口左上方的"控制面板主页"按钮，进入"控制面板"主页，如图 6-11 所示。

图 6-11

（4）单击"控制面板"中的"管理工具"按钮，在弹出的窗口内双击"Internet Information Services（IIS）管理器"，如图 6-12 所示。

图 6-12

（5）在弹出的"Internet Information Services（IIS）管理器"窗口中双击"ASP"图标，如图 6-13 所示。

图 6-13

（6）将"启用父路径"属性设为"True"，如图 6-14 所示。

图 6-14

（7）在"Internet Information Services（IIS）管理器"窗口左侧的列表中展开列表选项，用鼠标右键单击"Default Web Site"，在弹出的菜单中选择"管理网站 > 高级设置"命令，如图 6-15 所示。

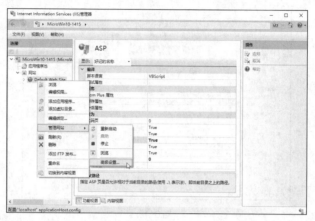

图 6-15

（8）弹出"高级设置"对话框。在对话框中单击"物理路径"选项右侧的 ··· 按钮，在弹出的"浏览文件夹"对话框中选择物理路径。选择好之后，单击"确定"按钮，返回"高级设置"对话框，单击"确定"按钮，完成设置。

（9）在"Internet Information Services（IIS）管理器"窗口左侧的列表中，用鼠标右键单击"Default Web Site"，在弹出的菜单中选择"编辑绑定"命令；在弹出的"网站绑定"对话框中单击"添加"按钮，弹出"添加网站绑定"对话框。设置完成后单击"确定"按钮返回到"网站绑定"对话框中，单击"关闭"按钮完成 IIS 的安装。

2. ASP 语法基础

◎ ASP 文件结构

ASP 文件是以.asp 为扩展名的。在 ASP 文件中，可以包含以下内容。

（1）HTML 标签：HTML 包含的标签。

（2）脚本命令：包括 VBScript 或 JavaScript 脚本。

（3）ASP 代码：位于"<%"和"%>"分界符之间的命令。在编写服务器端的 ASP 脚本时，也可以在<script>和</script>标签之间定义函数、方法和模块等，但必须在<script>标签内指定 runat 属性值为"server"。如果忽略了 runat 属性，脚本将在客户端执行。

（4）文本：网页中说明性的静态文字。

下面给出一个简单的 ASP 程序，以了解 ASP 文件结构。

例如，输出当前系统日期时间，代码如下：

```
<html>
<head>
<title>ASP 程序</title>
</head>
<body>
当前系统日期时间为：<%=Now()%>
</body>
</html>
```

运行以上程序代码，在浏览器中显示图 6-16 所示的内容。

以上代码是一个标准的在 HTML 文件中嵌入 ASP 程序
而形成的.asp 文件。其中，<html>…</html>为 HTML 文
件的开始标记和结束标记；<head>…</head>为 HTML 文
件的头部标记，在头部标记之间，定义了标题标记<title>…
</title>，用于显示 HTML 文件的标题信息；<body>…
</body>为 HTML 文件的主体标记，文本内容"当前系统日
期时间为："及"<%=Now()%>"都嵌在<body>…</body>标记之间。

图 6-16

◎ 声明脚本语言

在编写 ASP 程序时，可以声明 ASP 文件所使用的脚本语言，以通知 Web 服务器文件是使用何
种脚本语言来编写程序的。声明脚本语言有以下 3 种方法。

（1）在 IIS 中设定默认的 ASP 脚本语言。

在"Internet Information Services（IIS）管理器"窗口中将"脚本语言"设为"VBScript"，
如图 6-17 所示。

图 6-17

（2）使用@LANGUAGE 声明脚本语言。

在 ASP 处理指令中，可以使用 LANGUAGE 关键字在 ASP 文件的开始设置使用的脚本语言。使
用这种方法声明的脚本语言只作用于该文件，对其他文件不会产生影响。

语法：

```
<%@LANGUAGE=scriptengine%>
```

其中，scriptengine 表示编译脚本的脚本引擎名称。IIS 管理器中包含两个脚本引擎，分别为
VBScript 和 JavaScript。默认情况下，文件中的脚本将由 VBScript 引擎进行解释。

例如，在 ASP 文件的第一行设定页面使用的脚本语言为 VBScript，代码如下：

```
<%@LANGUAGE="VBScript"%>
```

需要注意的是，如果在 IIS 管理器中设置的默认 ASP 脚本语言为 VBScript，且文件中使用的也
是 VBScript，则在 ASP 文件中不用声明脚本语言；如果文件中使用的脚本语言与 IIS 管理器中设置
的默认 ASP 脚本语言不同，则需使用@LANGUAGE 处理指令声明脚本语言。

（3）通过<script>标签声明脚本语言。

通过设置<script>标签中的 language 属性值，可以声明脚本语言。需要注意的是，此声明只作

用于<script>标签。

语法：

```
<script LANGUAGE=scriptengine runat="server">
//脚本代码
</script>
```

其中，scriptengine 表示编译脚本的脚本引擎名称；runat 属性值为 server，表示脚本运行在服务器端。

例如，在<script>标签中声明脚本语言为 JavaScript，并编写程序用于向客户端浏览器输出指定的字符串，代码如下：

```
<script language="javascript" runat="server">
Response.Write("Hello World!");        //调用 Response 对象的 Write 方法输出指定字符串
</script>
```

运行程序，效果如图 6-18 所示。

◎ ASP 与 HTML

在 ASP 网页中，ASP 程序包含在 "<%" 和 "%>" 之间，并在浏览器打开网页时产生动态效果。它与 HTML 标签互相协作，构成动态网页。ASP 程序可以出现在 HTML 文件中的任意位置，同时在 ASP 程序中也可以嵌入 HTML 标签。

图 6-18

编写 ASP 程序，通过 Date 函数输出当天日期，并应用<font>标签定义日期的显示颜色，代码如下：

```
<html>
<head>
<meta http-equiv="Content-Type" content="text/html; charset=gb2312"/>
<title>b</title>
</head>
<body>
今天是:
<%
  Response.Write("<font color=red>")
  Response.Write(Date())
  Response.Write("</font>")
%>
</body>
</html>
```

以上代码通过 Response 对象的 Write 方法向浏览器端输出<font></font>标签及当前系统日期。在 IIS 浏览器中浏览该文件，运行结果如图 6-19 所示。

图 6-19

3. 数组的创建与应用

数组是有序数据的集合。数组中的每一个元素都属于同一个数据类型，用一个统一的数组名和下标可以唯一地确定数组中的元素，下标放在紧跟在数组名之后的括号中。有一个下标的数组称为一维数组，有两个下标的数组称为二维数组，以此类推。数组的最大维数为 60。

◎ 创建数组

在 VBScript 中，数组有两种类型：固定数组和动态数组。

（1）固定数组。

固定数组是指数组大小在程序运行时不可改变的数组。数组在使用前必须先声明。使用 Dim 语句可以声明数组。

声明数组的语法格式如下：

```
Dim array(i)
```

在 VBScript 中，数组的下标（i）是从 0 开始计数的，所以数组的长度应为 "i+1"。

例如：

```
Dim array(3)
Dim db_array(5,10)
```

声明数组后，就可以对数组的每个元素进行赋值。在对数组进行赋值时，必须通过数组的下标指明赋值元素的位置。

例如，在数组中使用下标为数组的每个元素赋值，代码如下：

```
Dim array(3)
array(0)="数学"
array(1)="语文"
array(2)="英语"
```

（2）动态数组。

声明数组时也可以不指明它的下标，这样的数组叫作变长数组，也称为动态数组。动态数组的声明方法与固定数组的声明方法唯一不同的是没有指明下标，格式如下：

```
Dim array()
```

虽然动态数组在声明时无须指明下标，但在使用它之前必须使用 ReDim 语句确定数组的维数。对动态数组重新声明的语法格式如下：

```
Dim array()
ReDim array(i)
```

◎ 应用数组函数

数组函数用于数组的操作。数组函数主要包括 LBound 函数、UBound 函数、Split 函数和 Erase 函数。

（1）LBound 函数。

LBound 函数用于返回一个 Long 型数据，其值为指定数组维度可用的最小下标。

语法：

```
LBound (arrayname[, dimension])
```

- arrayname：必需的，表示数组变量的名称，遵循标准的变量命名约定。

- dimension：可选的，类型为 Variant (Long)。用于指定返回下界的维度。1 表示第 1 维，2 表示第 2 维，以此类推。如果省略 dimension，则默认为 1。

例如，返回数组 MyArray 第 2 维的最小可用下标，代码如下：

```
<%
Dim MyArray(5,10)
Response.Write(LBound(MyArray,2.))
%>
```

结果为：0

（2）UBound 函数。

UBound 函数用于返回一个 Long 型数据，其值为指定数组维度可用的最大下标。

语法：

```
UBound(arrayname[, dimension])
```

• arrayname：必需的。数组变量的名称，遵循标准的变量命名约定。

• dimension：可选的，类型为 Variant (Long)。用于指定返回上界的维度。1 表示第 1 维，2 表示第 2 维，以此类推。如果省略 dimension，则默认为 1。

例如，返回数组 MyArray 第 2 维的最大可用下标，代码如下：

```
<%
Dim MyArray(5,10)
Response.Write(UBound(MyArray,2))
%>
```

结果为：10

UBound 函数与 LBound 函数一起使用，可用来确定一个数组的大小。UBound 函数用来确定数组某一维的上界。

（3）Split 函数。

Split 函数用于返回一个下标从零开始的一维数组，它包含指定数目的子字符串。

语法：

```
Split(expression[, delimiter[, count[, compare]]])
```

• expression：必需的，包含子字符串和分隔符的字符串表达式。如果 expression 是一个长度为零的字符串（""），Split 则返回一个空数组，即没有元素和数据的数组。

• delimiter：可选的，用于标识子字符串边界的字符串字符。如果忽略，则使用空格字符（" "）作为分隔符。如果 delimiter 是一个长度为零的字符串，则返回的数组仅包含一个元素，即完整的 expression 字符串。

• count：可选的，要返回的子字符串数，-1 表示返回所有的子字符串。

• compare：可选的，数字值，表示判别子字符串时使用的比较方式。

例如，读取字符串 str 中以符号"/"分隔的各子字符串，代码如下：

```
<%
Dim str,str_sub,i
str="ASP 程开发/VB 程序开发/ASP.NET 程序开发"
str_sub=Split(str,"/")
For i=0 to Ubound(str_sub)
  Respone.Write(i+1&"."&str_sub(i)&"<br>")
Next
%>
```

结果为：

ASP 程序开发

```
VB 程序开发
ASP.NET 程序开发
```

（4）Erase 函数。

Erase 函数用于重新初始化大小固定的数组的元素，以及释放动态数组的存储空间。

语法：

```
Erase arraylist
```

所需的 arraylist 参数是一个或多个用逗号隔开的需要清除的数组变量。

Erase 函数根据数组是固定数组还是动态数组来采取完全不同的行为。Erase 函数无须为固定数组恢复内存。

例如，定义数组元素内容后，利用 Erase 函数释放数组的存储空间，代码如下：

```
<%
Dim MyArray(1)
MyArray(0)="网络编程"
Erase MyArray
If MyArray(0)= "" Then
  Response.Write("数组资源已释放！")
Else
  Response.Write(MyArray(0))
End If
%>
```

结果为：数组资源已释放！

4. 流程控制语句

在 VBScript 语言中，有顺序结构、选择结构和循环结构 3 种基本程序流程控制结构。顺序结构是程序设计中最基本的结构，在程序运行时，编译器总是按照先后顺序执行程序中的所有命令。通过选择结构和循环结构可以改变代码的执行顺序。下面介绍 VBScript 中的选择语句和循环语句。

◎ 选择语句

（1）使用 if…then…end if 语句实现单分支选择结构。

if…then…end if 语句称为单分支选择语句，可用于实现程序的单分支选择结构。该语句根据表达式结果是否为真，决定是否执行指定的命令序列。在 VBScript 中，if…then…end if 语句的基本格式如下：

```
if 条件语句 then
      命令序列
end if
```

通常情况下，条件语句是使用比较运算符对数值或变量进行比较的表达式。执行该格式的命令时，先对条件进行判断，若条件取值为真（True），则执行命令序列；否则跳过命令序列，执行 end if 后的语句。

例如，判断给定变量的值是否为数字，如果为数字则输出指定的字符串信息，代码如下：

```
<%
Dim Num
Num=105
If IsNumeric(Num) then
  Response.Write("变量 Num 的值是数字！")
end if
```

```
%>
```

（2）使用 if…then…else 语句实现双分支选择结构。

if…then…else 语句称为双分支选择语句，可用于实现程序的双分支选择结构。该语句根据条件语句的取值，执行相应的命令序列。基本格式如下：

```
if 条件语句 then
        命令序列 1
else
        命令序列 2
end if
```

执行该格式的命令时，若条件语句为 True，则执行命令序列 1，否则执行命令序列 2。

（3）使用 select case 语句实现多分支选择结构。

select case 语句称为多分支选择语句，该语句可以根据条件表达式的值，决定执行的命令序列。应用 select case 语句实现的功能，相当于嵌套使用 if 语句实现的功能。select case 语句的基本格式如下：

```
select case 变量或表达式
        case 结果 1
            命令序列 1
        case 结果 2
            命令序列 2
        …
        case 结果 n
            命令序列 n
        case else 结果 n
            命令序列 n+1
end select
```

在 select case 语句中，首先对表达式进行运算，可以进行数学运算或字符串运算；然后将运算结果依次与结果 1 到结果 n 作比较，如果找到相等的结果，则执行对应的 case 语句中的命令序列，如果未找到相同的结果，则执行 case else 语句后面的命令序列；执行命令序列后，退出 select case 语句。

◎ 循环语句

（1）do…loop 循环语句。

do…loop 语句在条件为 True 或条件变为 True 之前重复执行某语句块。根据循环条件出现的位置，do…loop 语句的语法格式分为以下两种形式。

① 循环条件出现在语句的开始部分，语法格式如下：

```
do while 条件表达式
    循环体
loop
```

或者：

```
do until 条件表达式
    循环体
loop
```

② 循环条件出现在语句的结尾部分，语法格式如下：

```
do
    循环体
```

```
loop until 条件表达式
```

其中的 while 和 until 关键字的作用正好相反，while 是当条件为 True 时，执行循环体；而 until 是条件为 False 时，执行循环体。

在 do…loop 语句中，条件表达式在前与在后的区别是：当条件表达式在前时，表示在循环条件为真时，才能执行循环体；而条件表达式在后时，表示无论条件是否满足都至少执行一次循环体。

在 do…loop 语句中，还可以使用强行退出循环的指令 exit do，此语句可以放在 do…loop 语句中的任意位置，它的作用与 for 语句中的 exit for 相同。

（2）while…wend 循环语句。

while…wend 语句是在当前指定的条件为 True 时执行一系列的语句。该语句与 do…loop 循环语句相似。while…wend 语句的语法格式如下：

```
while condition
    [statements]
wend
```

● condition：数值或字符串表达式，其计算结果为 True 或 False。如果 condition 为 Null，则返回 False。

● statements：在条件为 True 时执行的一条或多条语句。

在 while…wend 语句中，如果 condition 为 True，则 statements 中的语句将被执行，然后控制权返回到 while 语句，并且重新检查 condition。如果 condition 仍为 True，则重复执行上面的过程；如果为 False，则执行 wend 语句之后的程序。

（3）for…next 循环语句。

for…next 语句是一种强制性的循环语句，它以指定次数重复执行一组语句。其语法格式如下：

```
for counter=start to end [step number]
    statement
    [exit for]
next
```

● counter：用作循环计数器的数值变量。start 和 end 分别是 counter 的初始值和终止值。number 为 counter 的步长，决定循环的执行情况，可以是正数或负数，默认值为 1。

● statement：表示循环体。

● exit for：for…next 的另一种退出循环的方法，可以在 for…next 语句的任意位置放置 exit for。exit for 语句经常和条件语句一起使用。

for…next 语句可以嵌套使用，即可以把一个 for…next 循环放置在另一个 for…next 循环中，此时每个循环中的 counter 要使用不同的变量名。例如：

```
for i =0 to 10
    for j=0 to 10
        …
    next
…
next
```

（4）for each…next 循环语句。

for each…next 语句主要针对数组或集合中的每个元素重复执行一组语句。虽然也可以用 for…next 语句完成任务，但是如果不知道一个数组或集合中有多少个元素，使用 for each…next 循环语句则是较好的选择。其语法格式如下：

```
for each 元素 in 集合或数组
    循环体
    [exit for]
next
```

（5）exit 退出循环语句。

exit 语句主要用于退出 do…loop、for…next、function、property 或 sub 代码块。其语法格式如下：

```
exit do
exit for
exit function
exit property
exit sub
```

- exit do：退出 do…loop 循环，并且只能在 do…loop 循环中使用。

- exit for：退出 for 循环，并且只能在 for…next 或 for each…next 循环中使用。

- exit function：立即从包含该语句的 function 过程中退出。程序会从调用 function 的语句之后的语句继续执行。

- exit property：立即从包含该语句的 property 过程中退出。程序会从调用 property 过程的语句之后的语句继续执行。

- exit sub：立即从包含该语句的 sub 过程中退出。程序会从调用 sub 过程的语句之后的语句继续执行。

6.1.5　【实战演练】——卡玫摄影网页

使用 Response 对象的 Write 方法向浏览器端输出标签，显示日期。最终效果参看云盘中的"Ch06 > 效果 > 卡玫摄影网页 > index.asp"，如图 6-20 所示。

图 6-20

扫码观看
本案例视频

6.2 网球俱乐部网页

6.2.1 【案例分析】

网球俱乐部是一家致力于推广网球运动，从事网球场馆运营和培训的俱乐部。现俱乐部即将召开"马上网球"活动，需要为其设计制作宣传页面，设计要求页面除了达到吸引浏览者眼球的目的，还要能体现行业的特色和网页的构成要素。

6.2.2 【设计理念】

网页背景以 3 种色调为主，营造出时尚、热烈、新潮的氛围。图片及文字摆放整齐有序，有利于用户浏览；导航栏醒目直观，突出主要信息，达到宣传的目的；网页设计直观简洁，具有时尚感。最终效果参看云盘中的"Ch06 > 效果 > 网球俱乐部网页 > index.asp"，如图 6-21 所示。

扫码观看
本案例视频

图 6-21

6.2.3 【操作步骤】

（1）选择"文件 > 打开"命令，在弹出的"打开"对话框中，选择云盘中的"Ch06 > 素材 > 网球俱乐部网页 > index.asp"文件，单击"打开"按钮，效果如图 6-22 所示。将光标置入图 6-23 所示的单元格中。

图 6-22

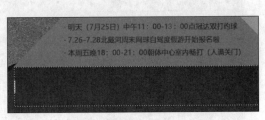

图 6-23

（2）按 F10 键，弹出"代码检查器"窗口，在光标所在的位置输入代码，如图 6-24 所示，文档编辑窗口如图 6-25 所示。

图 6-24

图 6-25

（3）选择"文件 > 打开"命令，在弹出的"打开"对话框中，选择云盘中的"Ch06 > 素材 > 网球俱乐部网页 > code.asp"文件，单击"打开"按钮，将光标置入图 6-26 所示的单元格中。在"代码检查器"窗口中输入代码，如图 6-27 所示。

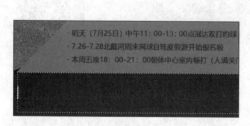

图 6-26

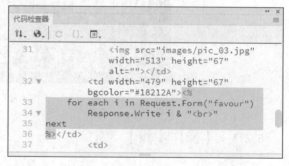

图 6-27

（4）保存文档，在 IIS 浏览器中查看 index.asp 文件，如图 6-28 和图 6-29 所示。

图 6-28

图 6-29

6.2.4　【相关工具】

1．Request 对象

在客户端/服务器结构中，当客户端 Web 页面向网站服务器传递信息时，ASP 通过 Request 对象能够获取客户提交的全部信息。信息包括客户端用户的 HTTP 变量在网站服务器端存放的客户端浏览器的 Cookie 数据、附于 URL 之后的字符串信息、页面中表单传送的数据，以及客户端的认证等。

Request 对象语法：

```
Request [.collection | property | method](variable)
```

- collection：数据集合。
- property：属性。
- method：方法。
- variable：由字符串定义的变量参数，指定要从集合中检索的项目或者作为方法和属性的输入。

使用 Request 对象时，collection、property 和 method 可选其一或者 3 个都不选，此时按以下顺序搜索集合：QueryString、Form、Cookies、ServerVariable 和 ClientCertificate。

例如，使用 Request 对象的 QueryString 数据集合取得传递值参数 parameter 的值并赋给变量 id，代码如下：

```
<%
    Dim id

    id=Request.QueryString("parameter")
%>
```

Request 对象包括 5 个数据集合、1 个属性和 1 个方法。Request 对象成员及其描述见表 6-1。

表 6-1　Request 对象成员及其描述

成员	描述
数据集合 Form	读取 HTML 表单域控件的值，即读取客户浏览器上以 post 方式提交的数据
数据集合 QueryString	读取附于 URL 地址后的字符串值，获取以 get 方式提交的数据
数据集合 Cookies	读取存放在客户端浏览器的 Cookies 内容
数据集合 ServerVariable	读取客户端请求发出的 HTTP 报头值及 Web 服务器的环境变量值
数据集合 ClientCertificate	读取客户端的验证字段
属性 TotalBytes	返回客户端发出请求的字节数量
方法 BinaryRead	以二进制方式读取客户端以 post 方式传递的数据，并返回一个变量数组

◎ 获取表单数据

检索表单数据：表单是 HTML 文件的一部分，用于提交输入的数据。

在含有 ASP 动态代码的 Web 页面中，使用 Request 对象的 Form 集合收集来自客户端的以表单形式发送到服务器的信息。

语法：

```
Request.Form(element)[(index)|.count]
```

- element：集合要检索的表单元素的名称。

- index：用来取得表单中名称相同的元素值。
- count：集合中相同名称元素的个数。

一般情况下，传递大量数据使用 post 方式，通过 Form 集合来获得表单数据。用 get 方式传递数据时，通过 Request 对象的 QueryString 集合来获得数据。

提交方式和读取方式的对应关系见表 6-2。

表 6-2　提交方式和读取方式的对应关系

提交方式	读取方式
method=post	Request.Form()
method=get	Request.QueryString()

例如，在 index.asp 文件中建立表单，在表单中插入文本框及按钮。当用户在文本框中输入数据并单击“提交”按钮时，在 code.asp 页面中通过 Request 对象的 Form 集合获取表单传递的数据并输出。

文件 index.asp 中的代码如下：

```
<form id="form1" name="form1" method="post" action="code.asp">
    <p>用户名:
      <input type="text" name="txt_username" id="txt_username" />
    </p>
    <p>密码:
      <input type="password" name="txt_pwd" id="txt_pwd" />
    </p>
    <p>
      <input type="submit" name="Submit" id="button" value="提交" />
         
      <input type="reset" name="Submit2" id="button2" value="重置" />
    </p>
  </form>
```

文件 code.asp 中的代码如下：

```
<p>用户名为: <%=Request.Form("txt_username")%>
<P>密码为: <%=Request.Form("txt_pwd")%>
```

在 IIS 浏览器中查看 index.asp 文件，运行结果如图 6-30 和图 6-31 所示。

图 6-30

图 6-31

当表单中的多个对象具有相同名称时，可以利用 count 属性获取具有相同名称对象的个数，然后加上一个索引值取得相同名称对象的不同内容值。也可以用"for each…next"语句来获取相同名称对象的不同内容值。

◎ 检索查询字符串

利用 QueryString 数据集合可以检索 HTTP 查询字符串中变量的值。HTTP 查询字符串中的变量可以直接定义在超链接的 URL 中的"?"字符之后。

例如，http://www.caaaan.com/?name=wang。

如果要传递多个参数变量，用"&"作为分隔符隔开。

语法：Request.QueryString(variable)[(index)|.count]。

- variable：指定要检索的 HTTP 查询字符串中的变量名。
- index：用来取得 HTTP 查询字符串中相同变量名的变量值。
- count：HTTP 查询字符串中的相同名称变量的个数。

以下两种情况需要在服务器端指定利用 QueryString 数据集合取得客户端传送的数据。

① 表单中通过 get 方式提交的数据。

据此方法提交的数据与 Form 数据集合相似，利用 QueryString 数据集合可以取得在表单中以 get 方式提交的数据。

② 利用超链接标签<a>传递的参数。

取得标签<a>所传递的参数值。

◎ 获取服务器端环境变量

利用 Request 对象的 ServerVariables 数据集合可以取得服务器端的环境变量信息。这些信息包括：发出请求的浏览器信息、构成请求的 HTTP 方法、用户登录 Windows NT 的账号、客户端的 IP 地址等。服务器端环境变量对 ASP 程序有很大的帮助，使程序能够根据不同情况进行判断，提高了程序的健壮性。服务器端环境变量是只读变量，只能查看，不能设置。

语法：

```
Request.ServerVariables(server_environment_variable)
```

- server_environment_variable：服务器端环境变量。

服务器端环境变量及其描述见表 6-3。

表 6-3　服务器端环境变量及其描述

服务器端环境变量	描述
ALL_HTTP	客户端发送的所有 HTTP 标题文件
ALL_RAW	检索未处理表格中所有的标题。 ALL_RAW 和 ALL_HTTP 不同，ALL_HTTP 在标题文件名前面放置 HTTP_prefix，并且标题名称总是大写的；使用 ALL_RAW 时，标题名称和值只在客户端发送时才出现
APPL_MD_PATH	检索 ISAPI DLL 的(WAM) Application 的元数据库路径
APPL_PHYSICAL_PATH	检索与元数据库路径相应的物理路径。IIS 通过将 APPL_MD_PATH 转换为物理（目录）路径以返回值
AUTH_PASSWORD	该值输入客户端的鉴定对话中。只有使用基本鉴定时，该变量才可用
AUTH_TYPE	这是用户访问受保护的脚本时，服务器检验用户的验证方法

续表

服务器端环境变量	描述
AUTH_USER	未被鉴定的用户名
CERT_COOKIE	客户端验证的唯一 ID，以字符串方式返回。可作为整个客户端验证的签字
CERT_FLAGS	若有客户端验证，则 bit 0 为 1； 如果客户端验证的验证人无效（不在服务器承认的 CA 列表中），bit1 被设置为 1
CERT_ISSUER	用户验证中的颁布者字段（O=MS，OU=IAS，CN=user name，C=USA）
CERT_KEYSIZE	安全套接字层连接关键字的位数，如 128
CERT_SECRETKEYSIZE	服务器验证私人关键字的位数，如 1024
CERT_SERIALNUMBER	用户验证的序列号字段
CERT_SERVER_ISSUER	服务器验证的颁发者字段
CERT_SERVER_SUBJECT	服务器验证的主字段
CERT_SUBJECT	客户端验证的主字段
CONTENT_LENGTH	客户端发出内容的长度
CONTENT_TYPE	内容的数据类型。同附加信息的查询一起使用，如 HTTP 查询 get、post 和 put
GATEWAY_INTERFACE	服务器使用的公共网关接口（CGI）规格的修订，格式为 CGI/revision
HTTP_<HeaderName>	存储在标题文件中的值。未列入该表的标题文件的名称必须以"HTTP_"开头，以使 ServerVariables 集合检索其值。 注意，服务器会将 HeaderName 中的"_"字符解释为连字符。例如，如果用户指定 HTTP_MY_HEADER，服务器将搜索以 MY-HEADER 为名发送的标题文件
HTTPS	如果请求穿过了安全通道（SSL），返回 ON；如果请求来自非安全通道，则返回 OFF
HTTPS_KEYSIZE	安全套接字层连接关键字的位数，如 128
HTTPS_SECRETKEYSIZE	服务器验证私人关键字的位数，如 1024
HTTPS_SERVER_ISSUER	服务器验证的颁发者字段
HTTPS_SERVER_SUBJECT	服务器验证的主字段
INSTANCE_ID	文本格式 IIS 实例的 ID。如果实例 ID 为 1，则以字符形式出现。使用该变量可以检索请求所属的（元数据库中）Web 服务器实例的 ID
INSTANCE_META_PATH	响应请求的 IIS 实例的元数据库路径
LOCAL_ADDR	返回接受请求的服务器地址。在绑定多个 IP 地址的多宿主主机上查找请求所使用的地址时，这个变量非常重要
LOGON_USER	用户登录 Windows NT 的账号
PATH_INFO	客户端提供的额外路径信息。可以使用这些虚拟路径和 PATH_INFO 服务器变量访问脚本。如果该信息来自 URL，则在到达 CGI 脚本前就已经由服务器解码了
PATH_TRANSLATED	PATH_INFO 转换后的版本，该变量获取路径并进行必要的由虚拟至物理的映射
QUERY_STRING	查询 HTTP 请求中问号（？）后的信息
REMOTE_ADDR	发出请求的远程主机的 IP 地址
REMOTE_HOST	发出请求的主机名称。如果服务器无此信息，它将被设置为空的 MOTE_ADDR 变量

续表

服务器端环境变量	描述
REMOTE_USER	用户发送的未映射的用户名字符串。该名称是用户实际发送的名称，与服务器上验证过滤器修改过后的名称相对
REQUEST_METHOD	该方法用于提出请求，相当于用于 HTTP 的 get、head、post 等
SCRIPT_NAME	执行脚本的虚拟路径，用于自引用的 URL
SERVER_NAME	出现在自引用 URL 中的服务器主机名、DNS 化名或 IP 地址
SERVER_PORT	发送请求的端口号
SERVER_PORT_SECURE	包含 0 或 1 的字符串。如果安全端口处理了请求，则为 1，否则为 0
SERVER_PROTOCOL	请求信息协议的名称和修订，格式为 protocol/revision
SERVER_SOFTWARE	应答请求并运行网关的服务器软件的名称和版本，格式为 name/version
URL	提供 URL 的基本部分

◎ 以二进制码方式读取数据

Request 对象提供了一个 BinaryRead 方法，用于以二进制码方式读取客户端使用 post 方式所传递的数据。

（1）TotalBytes 属性。

Request 对象的 TotalBytes 属性为只读属性，用于取得客户端响应的数据字节数。

语法：

```
counter=Request.TotalBytes
```

● counter：用于存放客户端送回的数据字节大小的变量。

（2）BinaryRead 方法。

Request 对象的 BinaryRead 方法用于以二进制码方式读取客户端使用 post 方式传递的数据。

语法：

```
variant 数据=Request.BinaryRead(count)
```

● count：一个整型数据，用以表示每次读取数据的字节大小，范围介于 0 到 TotalBytes 属性取回的客户端响应数据字节大小之间。

BinaryRead 方法的返回值是通用变量数组（Variant Array）。

BinaryRead 方法一般与 TotalBytes 属性配合使用，以读取提交的二进制数据。

以二进制码方式读取数据的代码举例如下：

```
<%
    Dim counter,arrays(2)
    Counter=Request.TotalBytes              '获得客户端发送的数据字节数
    arrays(0)=Request.BinaryRead(counter)   '以二进制码方式读取数据
%>
```

2. Response 对象

Response 对象用于从服务器向用户发送结果。可以使用 Response 对象控制发送给用户的信息，包括直接发送信息给浏览器、重定向浏览器到另一个 URL 或设置 Cookies 的值。Response 对象提供了标识服务器和性能的 HTTP 变量、发送给浏览器的信息内容和任何将在 Cookies 中存储的信息。

Response 对象只有一个集合——Cookies，该集合用于设置希望放置在客户系统上的 Cookies

的值，Cookies 集合用于当前响应中，将 Cookies 值发送到客户端。该集合访问方式为只写。

Response 对象的语法如下：

```
Response.collection | property | method
```

- collection：Response 对象的数据集合。
- property：Response 对象的属性。
- method：Response 对象的方法。

例如，使用 Response 对象的 Cookies 数据集合设置客户端的 Cookies 关键字并赋值，代码如下：

```
<%
Response.Cookies("user")="编程"
%>
```

Response 对象与一个 HTTP 响应对应，通过设置其属性和方法可以控制如何将服务器端的数据发送到客户端浏览器。Response 对象成员及其描述见表 6-4。

表 6-4　**Response 对象成员及其描述**

成员	描述
数据集合 Cookies	设置客户端浏览器的 Cookie 值
属性 Buffer	输出页面是否被缓冲
属性 CacheControl	代理服务器是否能缓存 ASP 生成的页面
属性 Status	服务器返回的状态行的值
属性 ContentType	指定响应的 HTTP 内容类型
属性 Charset	将字符集名称添加到内容类型标题中
属性 Expires	浏览器缓存页面超时前，指定缓存时间
属性 ExpiresAbsolute	指定浏览器上缓存页面超过的时间
属性 IsClientConnected	表明客户端是否与服务器断开
属性 Pics	将 pics 标记的值添加到响应的标题的 pics 标记字段中
方法 Write	直接向客户端浏览器输出数据
方法 End	停止处理 ASP 文件并返回当前结果
方法 Redirect	重定向当前页面，连接另一个 URL
方法 Clear	清除服务器缓存的 HTML 信息
方法 Flush	立即输出缓冲区的内容
方法 BinaryWrite	按字节格式向客户端浏览器输出数据，不进行任何字符集的转换
方法 AddHeader	设置 HTML 标题
方法 AppendToLog	在 Web 服务器的日志文件中记录日志

◎ 将信息从服务器端直接发送给客户端

Write 方法是 Response 对象常用的响应方法，可以将指定的字符串信息从服务器端直接发送给客户端，实现在客户端动态地显示内容。

语法：

```
Response.Write variant
```
- variant：输出到浏览器的变量数据或者字符串。

在页面中插入一个简单的输出语句时，可以简化写法，代码如下：

```
<%="输出语句"%>
<%Response.Write"输出语句"%>
```

◎ 利用缓存输出数据

Web 服务器响应客户端浏览器的请求时，是以信息流的方式将响应的数据发送给客户浏览器，发送过程是先返回响应头，再返回正式的页面。在处理 ASP 页面时，信息流的发送方式则是生成一段页面就立即发出一段信息流返回给浏览器。

ASP 提供了另一种发送数据的方式，即利用缓存输出。Web 服务器生成 ASP 页面时，先放入缓存，等 ASP 页面全部处理完成之后，再返回用户请求。

（1）使用缓存输出。

- Buffer 属性。
- Flush 方法。
- Clear 方法。

（2）设置缓存的有效期限。

- CacheControl 属性。
- Expires 属性。
- ExpiresAbsolute 属性。

◎ 重定向网页

重定向网页是指从一个网页跳转到其他页面。应用 Response 对象的 Redirect 方法可以将客户端浏览器重定向到另一个 Web 页面。如果想要从当前网页转移到一个新的 URL，而不用经过用户单击超链接或者搜索 URL，可以使用该方法使浏览器直接重定向到新的 URL。

语法：

```
Response.Redirect URL
```

- URL：浏览器重定向的目标页面。

调用 Redirect 方法，将会忽略当前页面所有的输出而直接定向到被指定的页面，即在页面中设置的响应正文内容都被忽略。

◎ 向客户端输出二进制数据

利用 BinaryWrite 方法可以直接发送二进制数据，不需要进行任何字符集转换。

语法：

```
Response.BinaryWrite Variable
```

- Variable：它是一个变量，其值是要输出的二进制数据，一般是非文本资料，例如图像文件和声音文件等。

◎ 使用 Cookies 在客户端保存信息

Cookies 是一种将数据传送到客户端浏览器的文本句式，使用 Cookies 可以将某个 Web 站点的数据保存在客户端硬盘上，实现客户端与该 Web 站点持久地保持会话。Response 对象与 Request 对象都包含 Cookies 数据集合。Request.Cookies 是把一系列 Cookies 数据同客户端 HTTP Request 一起发送给 Web 服务器；而 Response.Cookies 则是把 Web 服务器的 Cookies 发送到客户端。

（1）写入 Cookies。

向客户端发送 Cookies 的语法：

```
Response.Cookies("Cookies 名称")[("键名值").属性]=内容（数据）
```

注意，该语句必须放在发送给浏览器的 HTML 文件的 HTML 标签之前。

（2）读取 Cookies。

读取时，必须使用 Request 对象的 Cookies 数据集合。

语法：

```
<% =Request.Cookies("Cookies 名称")%>
```

3．Session 对象

用户可以使用 Session 对象存储特定会话所需的信息。这样，当用户在 Web 页面之间跳转时，存储在 Session 对象中的变量将不会丢失，而是在用户会话中一直存在下去。

当用户请求访问 Web 页面时，如果该用户还没有建立会话，则 Web 服务器将自动创建一个 Session 对象。当会话过期或被放弃后，服务器将终止该会话。

语法：

```
Session.collection|property|method
```

- collection：Session 对象的集合。
- property：Session 对象的属性。
- method：Session 对象的方法。

Session 对象可以定义会话级变量。会话级变量是一种对象级变量，隶属于 Session 对象，它的作用域等同于 Session 对象的作用域。

例如：

```
<% Session("username")="userli" %>
```

Session 对象成员及其描述见表 6-5。

表 6-5 Session 对象成员及其描述

成员	描述
集合 Contents	包含通过脚本命令添加到应用程序中的变量、对象
集合 StaticObjects	包含由\<object\>标签添加到会话中的对象
属性 Sessionid	存储用户的 SessionID 信息
属性 Timeout	Session 的有效期，以 min 为单位
属性 CodePage	用于符号映射的代码页
属性 LCID	现场标识符
方法 Abandon	释放 Session 对象占用的资源
事件 Session_OnStart	尚未建立会话的用户请求访问页面时，触发该事件
事件 Session_OnEnd	会话超时或会话被放弃时，触发该事件

◎ 返回当前会话的唯一标识符

SessionID 自动为每一个 Session 对象分配不同的编号，返回用户的会话标识。

语法：

```
Session.SessionID
```

此属性返回一个不重复的长整型数字。

返回用户会话标识的代码如下：

```
<% Response.Write Session.SessionID %>
```

◎ 控制会话的结束时间

Timeout 用于定义会话的有效访问时间，以 min 为单位。如果用户在有效访问时间内没有进行刷新或请求一个网页，该会话将结束。在网页制作中可以根据需要修改 Timeout，示例代码如下：

```
<%
Session.Timeout=10
Response.Write "设置会话超时为: " & Session.Timeout & "分钟"
%>
```

◎ 使用 Abandon 方法清除 Session 对象

用户结束使用 Session 对象时，应当清除 Session 对象。

语法：

```
Session.Abandon
```

如果程序中没有使用 Abandon，Session 对象在 Timeout 规定时间到达后，将被自动清除。

4. Application 对象

ASP 程序是在 Web 服务器上执行的，在 Web 站点中创建一个基于 ASP 的应用程序之后，可以通过 Application 对象在 ASP 应用程序的所有用户之间共享信息。也就是说，Application 对象中包含的数据可以在整个 Web 站点中被所有用户使用，并且可以在网站运行期间持久保存。用 Application 对象可以实现统计网站的在线人数、创建多用户游戏及多用户聊天室等功能。

语法：

```
Application.collection | method
```

- collection：Application 对象的数据集合。
- method：Application 对象的方法。

Application 对象可以定义应用级变量。应用级变量是一种对象级变量，隶属于 Application 对象，它的作用域等同于 Application 对象的作用域。

例如：

```
<%application("username")="manager"%>
```

Application 对象的主要作用是为 Web 站点的 ASP 应用程序提供全局性变量。

Application 对象成员及其描述见表 6-6。

表 6-6　Application 对象成员及其描述

成员	描述
集合 Contents	Application 层次的所有可用的变量集合，不包括<object>标签建立的变量
集合 StaticObjects	global.asa 文件中通过<object>建立的变量集合
方法 Contents.Remove	从 Application 对象的 Contents 集合中删除一个项目
方法 Contents.RemoveAll	从 Application 对象的 Contents 集合中删除所有项目
方法 Lock	锁定 Application 变量
方法 Unlock	解除 Application 变量的锁定状态
事件 Session_OnStart	当应用程序的第一个页面被请求时，触发该事件
事件 Session_OnEnd	当 Web 服务器关闭时，触发该事件

◎　锁定和解锁 Application 对象

可以利用 Application 对象的 Lock 和 Unlock 方法确保在同一时刻只有一个用户可以修改和存储 Application 对象集合中的变量值。Lock 方法用来避免其他用户修改 Application 对象的任何变量，Unlock 方法则允许其他用户对 Application 对象的变量进行修改。Lock 和 Unlock 方法及其用途见表 6-7。

表 6-7　Lock 和 Unlock 方法及其用途

方法	用途
Lock	禁止非锁定用户修改 Application 对象集合中的变量值
Unlock	允许非锁定用户修改 Application 对象集合中的变量值

◎　制作网站计数器

Global.asa 文件用来存放执行任何 ASP 应用程序期间的 Application、Session 事件程序，当 Application 或者 Session 对象被第一次调用或者结束调用时，就会执行该 Global.asa 文件内的对应程序。一个应用程序只能对应一个 Global.asa 文件，且该文件只有存放在网站的根目录下才能正常运行。

Global.asa 文件的基本结构如下：

```
<script language="VBScript" runat="server">
sub Application_OnStart
  …
end sub
sub Session_OnStart
  …
end sub
sub Session_OnEnd
  …
end sub
sub Application_OnEnd
  …
end sub
</Script>
```

- Application_OnStart 事件：是在 ASP 应用程序中的 ASP 页面第一次被访问时触发的。

- Session_OnStart 事件：是在创建 Session 对象时触发的。

- Session_OnEnd 事件：是在结束 Session 对象时触发的，即会话超时或者是会话被放弃时触发该事件。

- Application_OnEnd 事件：是在 Web 服务器被关闭时触发的，即结束 Application 对象时触发该事件。

在 Global.asa 文件中，用户必须使用 ASP 所支持的脚本语言并且定义在<script>标签之内，不能定义非 Application 对象或者非 Session 对象的模板，否则将产生执行上的错误。

通过在 Global.asa 文件的 Application_OnStart 事件中定义 Application 变量，可以统计网站的访问量。

5．Server 对象

Server 对象的作用是访问有关服务器的属性和方法，大多数属性和方法是作为组件实例提供的。

语法：

```
Server.property|method
```

- property：Server 对象的属性。
- method：Server 对象的方法。

例如，通过 Server 对象创建一个名为 Conn 的 ADODB 的 Connection 对象实例，代码如下：

```
<%
    Dim Conn
set Conn=Server.CreateObject("ADODB.Connection")
%>
```

Server 对象成员及其描述如表 6-8 所示。

表 6-8　Server 对象成员及其描述

成员	描述
属性 ScriptTimeOut	该属性用来规定脚本文件执行的最长时间。如果超出最长时间还没有执行完毕，就自动停止执行，并显示超时错误
方法 CreateObject	用于创建组件、应用程序或脚本对象的实例，利用它就可以调用其他外部程序或组件的功能
方法 HTMLEncode	可以将字符串中的特殊字符（<、>和空格等）自动转换为字符实体
方法 URLEncode	用来转换字符串，不过它是按照 URL 规则对字符串进行转换的。按照该规则的规定，URL 字符串中如果出现空格、?、&等特殊字符，则接收端有可能接收不到准确的字符，因此就需要进行相应的转换
方法 MapPath	可以将虚拟路径转化为物理路径
方法 Execute	用来停止执行当前网页，转到新的网页执行。执行完毕后返回原网页，继续执行 Execute 方法后面的语句
方法 Transfer	该方法和 Execute 方法非常相似，唯一的区别是执行完新的网页后，并不返回原网页，而是停止执行过程

◎ 设置 ASP 脚本的执行时间

Server 对象的 ScriptTimeOut 属性用于获取和设置请求超时，即设定脚本（程序）在结束前最多可运行多长时间。当处理服务器组件时，超时限制将不再生效，代码如下：

```
Server.ScriptTimeout=NumSeconds
```

NumSeconds 用于指定脚本在服务器结束前可运行的最长时间，默认值为 90s。可以在 "Internet Information Services（IIS）管理器" 窗口的 "应用程序配置" 中更改这个默认值，如果将其设置为 -1，则脚本的运行将永远不会超时。

◎ 创建服务器组件实例

调用 Server 对象的 CreateObject 方法可以用来创建已注册到服务器上的 ActiveX 组件实例，这样可以通过使用 ActiveX 服务器组件扩展 ASP 的功能，实现一些仅依赖脚本语言所无法实现的功能。建立在组件模型上的对象，ASP 有特定的调用接口，只要在操作系统上登记注册了组件程序，计算机就会在系统注册表里维护这些资源，以供程序员调用。

语法：

```
Server.CreateObject(progID)
```

- progID：指定要创建的对象的类型，其格式为[Vendor.] component[.Version]。其中，Vendor 表示拥有该对象的应用名；component 表示该对象组件的名字；Version 表示版本号。

例如，创建一个名为 FSO 的 FileSystemObject 对象实例，并将其保存在 Session 对象变量中，代码如下：

```
<%
    Dim FSO=Server.CreateObject("Scripting.FileSystemObject")
    Session("ofile")=FSO
%>
```

CreateObject 方法仅能用来创建外置对象的实例，不能用来创建系统内置对象的实例。用该方法建立的对象实例仅在创建它的页面中是有效的，当处理完该页面程序后，创建的对象会自动消失。若想在其他页面引用该对象，可以将对象实例存储在 Session 对象或者 Application 对象中。

◎ 获取文件的真实物理路径

Server 对象的 MapPath 方法可将指定的相对、虚拟路径映射到服务器上相应的物理目录中。

语法：

```
Server.MapPath(string)
```

● string：用于指定虚拟路径的字符串。

虚拟路径如果是以"\"或者"/"开头，表示 MapPath 方法将返回服务器端的宿主目录；如果虚拟路径以其他字符开头，MapPath 方法将把这个虚拟路径视为相对路径，相对于当前调用 MapPath 方法的页面，返回其他物理路径。

若想取得当前运行的 ASP 文件所在的真实路径，可以使用 Request 对象的服务器变量 PATH_INFO 来映射当前文件的物理路径。

◎ 输出 HTML 源代码

HTMLEncode 方法用于对指定的字符串进行 HTML 编码。

语法：

```
Server.HTMLEncode(string)
```

● string：指定要编码的字符串。

当服务器端向浏览器输出 HTML 标签字符时，浏览器将其解释为 HTML 标签，并按照标签指定的格式显示在浏览器上。使用 HTMLEncode 方法可以实现在浏览器中原样输出 HTML 标签字符，即浏览器不对这些标签字符进行解释。

HTMLEncode 方法可以将指定的字符串进行 HTML 编码，将字符串中的 HTML 标签字符转换为实体。例如，HTML 标签字符"<"和">"经编码会转化为">"和"<"。

6. ObjectContext 对象

ObjectContext 对象是一个以组件为主的事务处理对象，可以保证事务的成功完成。系统允许用户在网页中直接配合 Microsoft Transaction Server（MTS）使用 ObjectContext 对象，从而可以高效率开发或管理 Web 服务器应用程序。

事务是一个操作序列，可以将这些序列视为一个整体。如果其中的某一个步骤没有完成，所有与该操作相关的内容都将取消。

事务用于对数据库进行可靠的操作。

在 ASP 中使用@TRANSACTION 关键字来标识正在运行的页面要用 MTS 事务服务器来处理。

语法：

```
<%@TRANSACTION=value%>
```

@TRANSACTION 关键字的取值及其描述见表 6-9。

表 6-9　@TRANSACTION 关键字的取值及其描述

取值	描述
Required	开始一个新的事务或加入一个已经存在的事务处理中
Required_New	每次都开始一个新的事务
Supported	加入一个现有的事务处理中，但不开始一个新的事务
Not_Supported	既不加入也不开始一个新的事务

ObjectContext 对象提供了两个方法和两个事件，用于控制 ASP 的事务处理。ObjectContext
对象成员及其描述见表 6-10。

表 6-10　ObjectContext 对象成员及其描述

成员	描述
方法 SetAbort	终止当前网页所启动的事务处理，将事务先前所做的处理撤销，恢复初始状态
方法 SetComplete	成功提交事务，完成事务处理
事件 OnTransactionAbort	事务终止时触发的事件
事件 OnTransactionCommit	事务成功提交时触发的事件

SetAbort 方法将终止目前这个网页所启动的事务处理，而且将此事务先前所做的处理撤销以恢
复初始状态，即事务"回滚"；SetComplete 方法将终止目前这个网页所启动的事务处理，而且将成
功地完成事务的提交。

语法：

```
'SetAbort 方法
ObjectContext.SetAbort
'SetComplete 方法
ObjectContext.SetComplete
```

ObjectContext 对象提供了 OnTransactionCommit 和 OnTransactionAbort 两个事件处理程
序，前者是在事务完成时触发，后者是在事务处理失败时触发。

语法：

```
sub OnTransactionCommit()
'处理程序
end sub
sub OnTransactionAbort()
'处理程序
end sub
```

6.2.5　【实战演练】——用户登录界面

使用"Form 集合"命令获取表单数据。最终效果参看云盘中的"Ch06 > 效果 > 用户登录界
面 > index.asp"，如图 6-32 所示。

图 6-32

6.3　综合演练——挖掘机网页

6.3.1　【案例分析】

随着现代技术的发展，各类大型机械工具都有了长足的进步。挖掘机网站是一个包括项目承包、技术培训、行业咨询、服务体验等业务的大型机械网站，现新一代混合动力液压挖掘机发布，需要为其设计网站页面，要求合理地进行配色和编排，展现出专业、可靠的特点。

6.3.2　【设计理念】

网页使用机器的实景照片作为背景点明网站的主题；清晰明快的编排方式给人简约、大气的印象，与网页的主题相呼应；整体设计简洁直观，一目了然，宣传性强。

6.3.3　【知识要点】

使用"Form 集合"命令，获取表单数据。最终效果参看云盘中的"Ch06 > 效果 > 挖掘机网页 > code.asp"，如图 6-33 所示。

图 6-33

6.4 综合演练——建筑信息咨询网页

6.4.1 【案例分析】

建筑信息咨询网是一个以高质量服务为宗旨，强调建筑、景观等设计，竭诚为行业各界提供满意服务且值得信赖的平台。现网站要进行优化，需要重新设计制作页面，要求在设计上要简洁直观、清晰明确，展示出企业的相关信息。

6.4.2 【设计理念】

网页使用低透明度的建筑作为装饰，与主题相呼应；灰蓝色的背景展现出网站的品质，色调搭配适宜，使设计具有连贯性；图文搭配合理，内容清晰明确，一目了然；页面整体设计醒目直观，宣传性强。

6.4.3 【知识要点】

使用 Response 对象的 Write 方法，向浏览器端输出标签，显示日期。最终效果参看云盘中的"Ch06 > 效果 > 建筑信息咨询网页 > index.asp"，如图 6-34 所示。

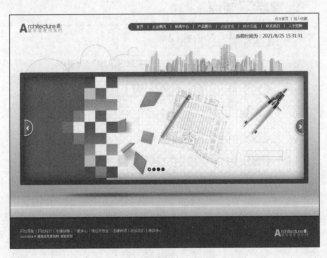

图 6-34

扫码观看
本案例视频

07

第 7 章
CSS 样式

层叠样式表（CSS）是 W3C 组织批准的一个辅助 HTML 设计的新特性，能保持整个 HTML 的统一外观。CSS 的功能强大、操作灵活，用 CSS 改变一个文件就可以改变数百个文件的外观，而且个性化的表现更能吸引访问者。

课堂学习要点

- ✔ CSS 样式的概念
- ✔ "CSS 设计器"面板和样式类型
- ✔ CSS 样式的创建及应用
- ✔ 编辑样式
- ✔ CSS 样式的属性
- ✔ CSS 过渡效果的应用

7.1 山地车网页

7.1.1 【案例分析】

山地自行车是一家以"低碳减排，快乐骑行"为标语的生产和销售厂家，为消费者提供全方面的自行车选购、比价、车价查询、在线咨询等服务。网页设计要求体现出品牌特点和产品特色。

7.1.2 【设计理念】

使用实景照片作为网页背景，大幅的风景图片，使用户看了心旷神怡，产生向往之情；左侧导航栏设计具有新意，文字内容突出显示，一目了然；整体设计简单、大气，使人印象深刻。最终效果参看云盘中的"Ch07 > 效果 > 山地车网页 > index.html"，如图 7-1 所示。

图 7-1

7.1.3 【操作步骤】

1. 插入表格并输入文字

（1）选择"文件 > 打开"命令，在弹出的"打开"对话框中，选择云盘中的"Ch07 > 素材 > 山地车网页 > index.html"文件，单击"打开"按钮打开文件，如图 7-2 所示。将光标置于图 7-3 所示的单元格中。

图 7-2

图 7-3

（2）在"插入"面板的"HTML"选项卡中单击"Table"按钮 ▦ ，在弹出的"Table"对话框中进行设置，如图 7-4 所示；单击"确定"按钮完成表格的插入，效果如图 7-5 所示。

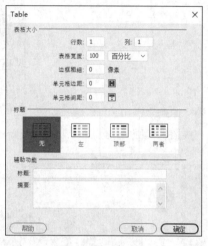

图 7-4

图 7-5

（3）在"属性"面板的"表格"文本框中输入"Nav"，如图 7-6 所示。在单元格中分别输入文字，如图 7-7 所示。

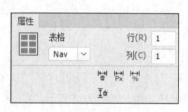

图 7-6

图 7-7

（4）选中文字"图片新闻"，如图 7-8 所示，在"属性"面板的"链接"文本框中输入"#"，为文字制作空链接效果，如图 7-9 所示。用相同的方法为其他文字添加链接，效果如图 7-10 所示。

图 7-8

图 7-9

图 7-10

2. 设置 CSS 属性

（1）选择"窗口 > CSS 设计器"命令，弹出"CSS 设计器"面板。单击"源"选项组中的"添加 CSS 源"按钮 ✚，在弹出的下拉列表中选择"创建新的 CSS 文件"选项，弹出"创建新的 CSS 文件"对话框，如图 7-11 所示。单击"文件/URL(F)"选项右侧的"浏览"按钮，弹出"将样式表文件另存为"对话框，在"文件名"文本框中输入"style"，如图 7-12 所示。单击"保存"按钮，返回到"创建新的 CSS 文件"对话框中，单击"确定"按钮，完成样式的创建。

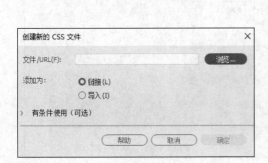

图 7-11

图 7-12

（2）单击"选择器"选项组中的"添加选择器"按钮 ✚ ，在"选择器"选项组中出现文本框，输入名称"#Nav a:link, #Nav a:visited"，按 Enter 键确认输入，如图 7-13 所示。在"属性"选项组中单击"文本"按钮 🔠 ，切换到文本属性，将"color"设为黑色，"font-size"设为 14 px，单击"text-align"选项右侧的"center"按钮 ▤ ，"text-decoration"选项右侧的"none"按钮 ▨ ，如图 7-14 所示；单击"背景"按钮 ▨ ，切换到背景属性，将"background-color"设为灰白色（#f2f2f2），如图 7-15 所示。

（3）单击"布局"按钮 ▤ ，切换到布局属性，将"display"设为"block"，"padding"设为 4 px，如图 7-16 所示；单击"边框"按钮 ▢ ，切换到边框属性，单击"border"选项下方的"全部"按钮 ▣ ，将"width"设为 2 px，"style"设为"solid"，"color"设为白色，如图 7-17 所示。

图 7-13

图 7-14

图 7-15

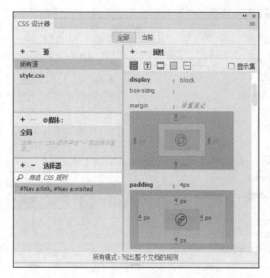

图 7-16

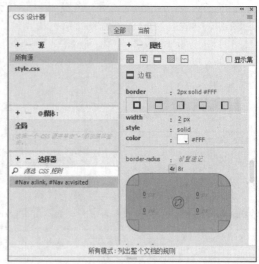

图 7-17

（4）单击"选择器"选项组中的"添加选择器"按钮 **➕**，在"选择器"选项组中出现文本框，输入名称"#Nav a:hover"，按 Enter 键确认输入，如图 7-18 所示。在"属性"选项组中单击"背景"按钮 ▨，切换到背景属性，将"background-color"设为白色，如图 7-19 所示；单击"布局"按钮 ▤，切换到布局属性，将"margin"设为 2 px，"padding"设为 2 px，如图 7-20 所示。

图 7-18　　　　　　　　　　图 7-19　　　　　　　　　　图 7-20

（5）单击"边框"按钮 ▢，切换到边框属性，单击"border"选项下方的"顶部"按钮 ▢，将"width"设为 1 px，"style"设为"solid"，"color"设为蓝色（#29679c），如图 7-21 所示。用相同的方法设置左边线样式，如图 7-22 所示；单击"文本"按钮 Ⓣ，切换到文本属性，单击"text-decoration"选项右侧的"underline"按钮 Ⓣ，如图 7-23 所示。

图 7-21   图 7-22   图 7-23

（6）保存文档，按 F12 键预览效果，如图 7-24 所示。当鼠标指针经过导航按钮时，背景和边框颜色改变，效果如图 7-25 所示。

图 7-24   图 7-25

7.1.4 【相关工具】

1. CSS 样式的概念

CSS 是 Cascading Style Sheets 的缩写，一般译为"层叠样式表"或"级联样式表"。CSS 对 HTML 3.2 之前版本的语法进行了变革，将某些 HTML 标签属性简化。例如要将一段文字的大小变成 36 像素，在 HTML3.2 中要写成"\<p\>\<font size="36"\>文字的大小\</font\>\</p\>"，标签的层层嵌套使 HTML 程序臃肿不堪；而用 CSS 写成"\<p style="font-size:36px"\>文字的大小\</p\>"即可。

CSS 使用 HTML 格式的代码，浏览器处理起来速度比较快。可以说 CSS 是 HTML 的一部分，它将对象引入 HTML 中，可以通过脚本程序调用和改变对象的属性，从而产生动态效果。例如，将鼠标指针放到文字上时，文字的字号变大，用 CSS 可写成：\<p onMouseOver="className='aa'"\>动态文字\</p\>。

2. "CSS 设计器"面板

使用"CSS 设计器"面板可以创建、编辑和删除 CSS 样式，并且可以将外部样式表附加到文档中。

◎ 打开"CSS 设计器"面板

打开"CSS 设计器"面板有以下两种方法。

（1）选择"窗口 > CSS 设计器"命令。

（2）按 Shift+F11 组合键。

"CSS 设计器"面板如图 7-26 所示，该面板由 4 个选项组组成，分别是"源"选项组、"@媒体："选项组、"选择器"选项组和"属性"选项组。

"源"选项组：用于创建样式、附加样式、删除内部样式表和附加样式表。

"@媒体："选项组：用于控制所选源中的所有媒体查询。

"选择器"选项组：用于显示所选源中的所有选择器。

"属性"选项组：用于显示所选选择器的相关属性。"属性"被分为布局▦、文本▣、边框▭、背景▨和更多▤ 5 种类别，显示在"属性"选项组的顶部，如图 7-27 所示。添加属性后，在该项属性的右侧出现"禁用 CSS 属性"按钮⊘和"删除 CSS 属性"按钮▦，如图 7-28 所示。

"禁用 CSS 属性"按钮⊘：单击该按钮可以将该项属性禁用；再次单击可启用该项属性。

"删除 CSS 属性"按钮▦：单击该按钮可以删除该项属性。

图 7-26

图 7-27

图 7-28

◎ CSS 的功能

CSS 的功能归纳如下。

（1）灵活地控制网页中文字的字体、颜色、大小、位置和间距等。

（2）方便地为网页中的元素设置不同的背景颜色和背景图片。

（3）精确地控制网页各元素的位置。

（4）为文字或图片设置滤镜效果。

（5）与脚本语言结合制作动态效果。

3. CSS 样式的类型

CSS 样式可分为类选择器、标签选择器、ID 选择器、内联样式、复合选择器等几种形式。

◎ 类选择器

类选择器可以将样式属性应用于页面上所有的 HTML 元素。类选择器的名称必须以"."开头，后面加上类名，属性和值必须符合 CSS 规范，如图 7-29 所示。

将 ".text" 样式应用于 HTML 元素，HTML 元素将以 class 属性进行引用，如图 7-30 所示。

图 7-29　　　　　　　　　　　　　　　　图 7-30

◎ 标签选择器

标签选择器可以对页面中的同一标签进行声明，例如对<p>标签进行声明，那么页面中所有的<p>标签将会使用相同的样式，如图 7-31 所示。

◎ ID 选择器

ID 选择器与类选择器的使用方法基本相同，唯一的不同之处是 ID 选择器只能在 HTML 页面中使用一次，针对性比较强。ID 选择器的名称以 "#" 开头，后面加以 ID 名，如图 7-32 所示。

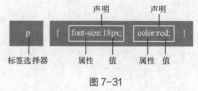

图 7-31

将 "#text" 样式应用于 HTML 元素，HTML 元素将以 id 属性进行引用，如图 7-33 所示。

图 7-32　　　　　　　　　　　　　　　　图 7-33

◎ 内联样式

内联样式是直接以 style 属性将 CSS 代码写入 HTML 标签中，如图 7-34 所示。

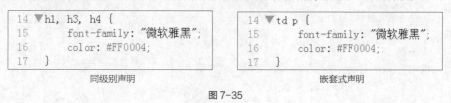

图 7-34

◎ 复合选择器

复合选择器可以将风格完全相同或部分相同的选择器同时声明，如图 7-35 所示。

```
14 ▼h1, h3, h4 {
15      font-family: "微软雅黑";
16      color: #FF0004;
17   }
```
同级别声明

```
14 ▼td p {
15      font-family: "微软雅黑";
16      color: #FF0004;
17   }
```
嵌套式声明

图 7-35

4. 创建 CSS 样式

使用 "CSS 设计器" 面板可以创建类选择器、标签选择器、ID 选择器和复合选择器等 CSS 样式。创建 CSS 样式的操作步骤如下。

（1）新建或打开一个文档。

（2）选择 "窗口 > CSS 设计器" 命令，弹出 "CSS 设计器" 面板，如图 7-36 所示。

（3）在"CSS 设计器"面板中，单击"源"选项组中的"添加 CSS 源"按钮 ✚，在弹出的下拉列表中选择"在页面中定义"选项，如图 7-37 所示，以确认 CSS 样式的保存位置。选择该选项后在"源"选项组中将出现"<style>"标签，如图 7-38 所示。

图 7-36　　　　　　　　　　图 7-37　　　　　　　　　　图 7-38

- "创建新的 CSS 文件"选项：用于创建一个独立的 CSS 文件，并将其附加到当前文档中。
- "附加现有的 CSS 文件"选项：用于将现有的 CSS 文件附加到当前文档中。
- "在页面中定义"选项：用于将 CSS 文件定义在当前文档中。

（4）单击"选择器"选项组中的"添加选择器"按钮 ✚，在"选择器"选项组中出现一个文本框，如图 7-39 所示。根据定义样式的类型输入名称，如定义类选择器，先要输入"."，如图 7-40 所示，再输入名称（如 text），按 Enter 键确认，如图 7-41 所示。

图 7-39　　　　　　　　　　图 7-40　　　　　　　　　　图 7-41

（5）在"属性"选项组中单击"文本"按钮 🅃，切换到有关文字的 CSS 属性，如图 7-42 所示。根据需要添加属性，如图 7-43 所示。

图 7-42

图 7-43

5. 应用 CSS 样式

创建自定义样式后，还要为不同的网页元素应用不同类型的样式，具体操作步骤如下。

（1）在文档编辑窗口中选择网页元素。

（2）根据选择器类型的不同应用方法也不同。

类选择器：

① 在"属性"面板的"类"下拉列表中选择某自定义样式名；

② 在文档编辑窗口左下方的标签上单击鼠标右键，在弹出的菜单中选择"设置类 > 某自定义样式名"命令。在弹出的菜单中选择"设置类 > 无"命令，可以撤销样式的应用。

ID 选择器：

① 在"属性"面板的"ID"下拉列表中选择某自定义样式名；

② 在文档编辑窗口左下方的标签上单击鼠标右键，在弹出的菜单中选择"设置 ID > 某自定义样式名"命令。在弹出的菜单中选择"设置 ID > 无"命令，可以撤销样式的应用。

6. 创建和附加外部样式

不同网页的不同网页元素需要同一样式时，可通过附加外部样式来实现。首先创建一个外部样式，然后在不同网页的不同 HTML 元素中附加定义好的外部样式即可。

◎ 创建外部样式

（1）调出"CSS 设计器"面板。

（2）在"CSS 设计器"面板中，单击"源"选项组中的"添加 CSS 源"按钮✚，在弹出的下拉列表中选择"创建新的 CSS 文件"选项，如图 7-44 所示，弹出"创建新的 CSS 文件"对话框，如图 7-45 所示。

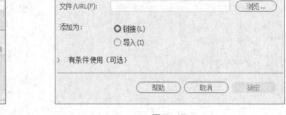

图 7-44　　　　　　　　　　　　　　　　　　图 7-45

（3）单击"文件/URL（F）"项右侧的"浏览"按钮，弹出"将样式表文件另存为"对话框。在"文件名"文本框中输入自定义样式的文件名，如图 7-46 所示。单击"保存"按钮，返回到"创建新的 CSS 文件"对话框中，如图 7-47 所示。

图 7-46　　　　　　　　　　　　　　　　　图 7-47

（4）单击"确定"按钮，完成外部样式的创建。刚创建的外部样式会出现在"CSS 设计器"面板"源"选项组中，如图 7-48 所示。

◎ 附加外部样式

不同网页的不同网页元素附加相同外部样式的具体操作步骤如下。

（1）在文档编辑窗口中选择网页元素。

（2）通过以下 3 种方法打开"使用现有的 CSS 文件"对话框，如图 7-49 所示。

① 选择"文件 > 附加样式表"命令。

② 选择"工具 > CSS > 附加样式表"命令。

③ 在"CSS 设计器"面板中，单击"源"选项组中的"添加 CSS 源"按钮 ➕，在弹出的下拉列表中选择"附加现有的 CSS 文件"选项，如图 7-50 所示。

图 7-48

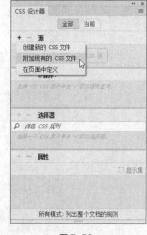

图 7-49   图 7-50

（3）单击"文件/URL（F）"选项右侧的"浏览"按钮，在弹出的"选择样式表文件"对话框中选择 CSS 样式，如图 7-51 所示。单击"确定"按钮，返回到"使用现有的 CSS 文件"对话框中，如图 7-52 所示。

图 7-51   图 7-52

对话框中各选项的作用如下。

- "文件/URL（F）"选项：直接输入外部样式文件名，或单击"浏览"按钮选择外部样式文件。
- "添加为"选项组：包括"链接"和"导入"两个单选按钮。"链接"表示传递外部 CSS 样式信息而不将其导入网页文档，在页面代码中生成<link>标签；"导入"表示将外部 CSS 样式信息导入网页文档，在页面代码中生成<@Import>标签。

（4）单击"确定"按钮，完成外部样式的附加。刚附加的外部样式会出现在"CSS 设计器"面板"源"选项组中。

7. 编辑样式

网站设计者有时需要修改应用于文档的内部样式和外部样式，如果修改内部样式，系统会自动重新设置受它控制的所有 HTML 对象的格式；如果修改外部样式文件，系统会自动重新设置与它链接的所有 HTML 文档。

编辑样式有以下两种方法。

（1）先在"CSS 设计器"面板"选择器"选项组中选中某样式，然后在"属性"选项组中根据需要设置 CSS 属性，如图 7-53 所示。

图 7-53

（2）在"属性"面板中，单击"编辑规则"按钮，如图 7-54 所示，弹出".text 的 CSS 规则定义"对话框，如图 7-55 所示。根据需要设置 CSS 属性，单击"确定"按钮完成设置。

图 7-54

图 7-55

8. 布局属性

"布局"选项组用于控制网页中块元素的大小、边距、填充和位置属性等，如图 7-56 所示。

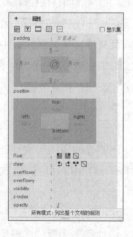

图 7-56

"布局"选项组包括以下 CSS 属性。

- "width"（宽）和"height"（高）选项：设置元素的宽度和高度，使盒子的宽度不受它所包含内容的影响。

- "min-width"（最小宽度）和"min-height"（最小高度）选项：设置元素的最小宽度和最小高度。

- "max-width"（最大宽度）和"max-height"（最大高度）选项：设置元素的最大宽度和最大高度。

- "display"（显示）选项：指定是否及如何显示元素。"none"（无）表示关闭应用此属性元素的显示。

- "box-sizing"（盒子模型）选项：设置盒子模型的类型，其下拉列表中包括"content-box"（标准盒子模型）、"border-box"（IE 盒子模型）和"inherit"（从父元素继承）3 个选项。

- "margin"（边界）选项组：控制围绕块元素的间隔数量，包括"top"（上）、"bottom"（下）、"left"（左）和"right"（右）4 个选项。若单击"更改所有属性"按钮，则可设置块元素有相同的间隔效果；否则块元素有不同的间隔效果。

- "padding"（填充）选项组：控制元素内容与盒子边框的间距，包括"top"（上）、"bottom"（下）、"left"（左）和"right"（右）4 个选项。若单击"更改所有属性"按钮，则可为块元素的各个边设置相同的填充效果；否则单独设置块元素各个边的填充效果。

- "position"（定位）选项：确定定位的类型，其下拉列表中包括"static"（静态）、"absolute"（绝对）、"fixed"（固定）和"relative"（相对）4 个选项。"static"选项表示以对象在文档中的位置为坐标原点，将层放在它所在文本中的位置；"absolute"选项表示以页面左上角为坐标原点，使用"定位"选项中输入的坐标值来放置层；"fixed"选项表示以页面左上角为坐标原点放置内容，当用户滚动页面时，内容将在此位置保持固定。"relative"选项表示以对象在文档中的位置为坐标原点，使用"position"选项中输入的坐标来放置层。确定定位类型后，可通过"top"、"right"、"bottom"和"left"4 个选项来确定元素在网页中的具体位置。

- "float"（浮动）选项：设置网页元素（如文本、层、表格等）的浮动效果。

- "clear"（清除）选项：清除设置的浮动效果。

- "overflow-x"（水平溢位）和"overflow-y"（垂直溢位）选项：此选项仅限于 CSS 层，用于确定在层的内容超出它的尺寸时的显示状态。其中，"visible"（可见）选项表示当层的内容超出层的尺寸时，层向右下方扩展以增加层的大小，使层内的所有内容均可见。"hidden"（隐藏）选项表示保持层的大小并剪切层内任何超出层尺寸的内容。"scroll"（滚动）选项表示不论层的内容是否超出层的边界都在层内添加滚动条。"auto"（自动）选项表示滚动条仅在层的内容超出层的边界时才显示。"no-content"（无内容）选项表示没有满足内容框的内容，则隐藏整个内容框。"no-display"（无显示）选项表示没有满足内容框的内容，则删除整个内容框。

- "visibility"（显示）选项：确定层的初始显示条件，包括"inherit"（继承）、"visible"（可见）、"hidden"（隐藏）和"collapse"（合并）4 个选项。"inherit"选项表示继承父级层的可见性属性，如果层没有父级层，则它将是可见的。"visible"选项表示无论父级层如何设置，都显示该层的内容。"hidden"选项表示无论父级层如何设置，都隐藏该层的内容。如果不设置"visibility"选项，则默认情况下大多数浏览器都继承父级层的属性。

- "z-index"（z 轴）选项：确定层的堆叠顺序，为元素设置重叠效果。编号较高的层显示在编号较低的层的上面。该选项使用整数，可以为正，也可以为负。

- "opacity"（不透明度）选项：设置元素的不透明度，取值范围为 0～1，当值为 0 时表示元素完全透明，当值为 1 时表示元素完全不透明。

9. 文本属性

"文本"选项组用于控制网页中文字的字体、字号、颜色、行距、首行缩进、对齐方式、文本阴影和列表属性等，如图 7-57 所示。

图 7-57

"文本"选项组包括以下 CSS 属性。

- "color"（颜色）选项：设置文本的颜色。

- "font-family"（字体）选项：为文字设置字体。

- "font-style"（样式）选项：指定字体的风格为 "normal"（正常）、"italic"（斜体）或 "oblique"（偏斜体）。默认设置为 "normal"。

- "font-variant"（变体）选项：将正常文本缩小一半尺寸后大写显示。IE 浏览器不支持该选项。Dreamweaver CC 2019 不在文档编辑窗口中显示该选项。

- "font-weight"（粗细）选项：为字体设置粗细效果。它包含 "normal"（正常）、"bold"（粗体）、"bolder"（特粗）、"lighter"（细体）和具体粗细值多个选项。通常 "normal" 选项为 400px，"bold" 选项为 700px。

- "font-size"（大小）选项：定义文本的大小。在选项右侧的下拉列表中选择具体数值和度量单位。一般以像素为单位，这样可以有效地防止浏览器破坏文本的显示效果。

- "line-height"（行高）选项：设置文本所在行的行高。在选项右侧的下拉列表中选择具体数值和度量单位。若选择 "normal" 选项则自动计算字体大小以适应行高。

- "text-align"（文本对齐）选项：设置区块文本的对齐方式，包括 "left"（左对齐）按钮▤、"center"（居中对齐）按钮▤、"right"（右对齐）按钮▤和 "justify"（两端对齐）按钮▤ 4 个按钮项。

- "text-decoration"（修饰）选项组：控制链接文本的显示形态，包括 "none"（无）按钮◨、"underline"（下划线）按钮**T**、"overline"（上划线）按钮**T̄**、"line-through"（删除线）按钮**T̶** 4 个按钮项。正常文本的默认设置是 "none"，链接的默认设置为 "underline"。

- "text-indent"（文字缩进）选项：设置区块文本的缩进程度。若让区块文本突出显示，则该选项值为负值，但显示主要取决于浏览器。

- "text-shadow"（文本阴影）选项：设置文本阴影效果。可以为文本添加一个或多个阴影效果。"h-shadow"（水平阴影位置）选项设置阴影的水平位置；"v-shadow"（垂直阴影位置）选项设置阴影的垂直位置；"blur"（模糊）选项设置阴影的边缘模糊效果；"color"（颜色）选项设置阴影的颜色。

- "text-transform"（大小写）选项：将选定内容中的每个单词的首字母大写，或将文本设置为全部大写或小写。它包括 "none" 按钮、"capitalize"（首字母大写）按钮 Ab 、"uppercase"（大写）按钮 AB 和 "lowercase"（小写）按钮 ab 4 个按钮项。

- "letter-spacing"（字母间距）选项：设置字母间的间距。若要减小字母间距，则可以设置为负值。IE 浏览器 4.0 和更高版本，以及 Netscape Navigator 浏览器 6.0 支持该选项。

- "word-spacing"（单词间距）选项：设置文字间的间距。若要减小单词间距，则可以设置为负值，但其显示取决于浏览器。

- "white-space"（空格）选项：控制元素中的空格输入，包括 "normal"（常规）、"nowrap"（不换行）、"pre"（保留）、"pre-line"（保留换行符）和 "pre-wrap"（保留换行）5 个选项。

- "vertical-align"（垂直对齐）选项：控制文字或图像相对于其母体元素的垂直位置。若将图像同其母体元素文字的顶部垂直对齐，则该图像将在该行文字的顶部显示。该选项包括 "baseline"（基线）、"sub"（下标）、"super"（上标）、"top"（顶部）、"text-top"（文本顶对齐）、"middle"（中线对齐）、"bottom"（底部）和 "text-bottom"（文本底对齐）8 个选项。"baseline" 选项表示将元素的基准线同母体元素的基准线对齐；"top" 选项表示将元素的顶部同最高的母体元素对齐；"bottom" 选项表示将元素的底部同最低的母体元素对齐；"sub" 选项表示将元素以下标形式显示；"super" 选项表示将元素以上标形式显示；"text-top" 选项表示将元素顶部同母体元素文字的顶部对齐；"middle" 选项表示将元素中点同母体元素文字的中点对齐；"text-bottom" 选项表示将元素底部同母体元素文字的底部对齐。

- "list-style-position"（位置）选项：用于描述列表的位置，包括 "inside"（内）按钮 和 "outside"（外）按钮 两个按钮项。

- "list-style-image"（项目符号图像）选项：为项目符号指定自定义图像。包括 "URL"（链接）和 "none" 两个选项。

- "list-style-type"（类型）选项：设置项目符号或编号的外观。在其下拉列表中有 21 个选项，其中比较常用的有 "disc"（圆点）、"circle"（圆圈）、"square"（方块）、"decimal"（数字）、"lower-roman"（小写罗马数字）、"upper-roman"（大写罗马数字）、"lower-alpha"（小写字母）、"upper-alpha"（大写字母）和 "none" 等。

10. 边框属性

"边框"选项组用于控制块元素的边框粗细、样式、颜色及圆角，如图 7-58 所示。

"边框"选项组包括以下 CSS 属性。

- "border"（边框）选项：以速记的方法设置所有边框的粗细、样式及颜色。如果需要对单个边框或多个边框进行自定义，可以单击 "border" 选项下方的 "所有边" 按钮、"顶部" 按钮、"右侧" 按钮、"底部" 按钮、"左侧" 按钮，切换到相应的属性。通过 "width"（宽度）、"style"

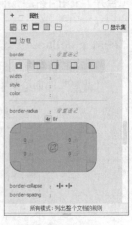

图 7-58

（样式）和 "color"（颜色）3 个属性值来设置边框的显示效果。

- "width"（宽度）选项：设置块元素边框线的粗细，在其下拉列表中包括 "thin"（细）、"medium"（中）、"thick"（粗）和具体值 4 个选项。

- "style"（样式）选项：设置块元素边框线的样式，在其下拉列表中包括 "none"（无）、"dotted"（点划线）、"dashed"（虚线）、"solid"（实线）、"double"（双线）、"groove"（槽状）、"ridge"（脊状）、"inset"（凹陷）和 "outset"（凸出）9 个选项。若取消勾选 "全部相同" 复选框，则可为块元素的各边框设置不同的样式。

- "color"（颜色）选项组：设置块元素边框线的颜色。若取消勾选 "全部相同" 复选框，则可为块元素各边框设置不同的颜色。

- "border-radius"（圆角）选项：以速记的方法设置所有边框圆角的半径（r）。例如设置速记为 "10px"，表示所有圆角的半径均为 10px。如果需要设置单个圆角的半径，则可直接在相应的圆角处输入数值，如图 7-59 所示。

4r：单击此按钮，圆角半径以 4r 的方式输入，可分别设置 4 个圆角的半径，如图 7-60 所示。

8r：单击此按钮，圆角半径以 8r 的方式输入，可分别设置 4 个椭圆角的半长轴、半短轴长度，如图 7-61 所示。

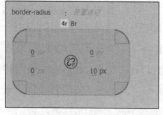
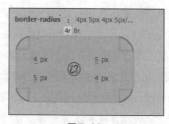
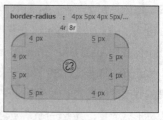

图 7-59　　　　　　　　　图 7-60　　　　　　　　　图 7-61

- "border-collapse"（边框折叠）选项：设置边框是否折叠为单一边框显示，包括 "collapse"（合并）按钮和 "separate"（分离）按钮两个按钮项。

- "border-spacing"（边框空间）选项：设置两个相邻边框之间的距离，仅用于 "border-collapse" 选项设置为 "separate" 的情况。

11. 背景属性

"背景" 选项组用于在网页元素后加入背景图像或背景颜色，如图 7-62 所示。

图 7-62

"背景"选项组包括以下 CSS 属性。

- "background-color"（背景颜色）选项：设置网页元素的背景颜色。
- "background-image"（背景图像）选项：设置网页元素的背景图像。
- "background-position"（背景位置）选项：设置背景图像相对于元素的初始位置，包括表示水平位置的"left"、"right"、"center"（水平居中）3 个选项和表示垂直位置的"top"、"bottom"、"center"（垂直居中）3 个选项。该选项可将背景图像与页面中心垂直和水平对齐。
- "background-size"（背景尺寸）选项：设置背景图像的宽度和高度来确定背景图像的大小。
- "background-clip"（背景剪辑）选项：设置背景的绘制区域，包括"padding-box"（剪辑内边距）、"border-box"（剪辑边框）、"content-box"（剪辑内容框）3 个选项。
- "background-repeat"（重复）选项：设置背景图像的平铺方式，包括"repeat"（重复）按钮 、"repeat-x"（横向重复）按钮 、"repeat-y"（纵向重复）按钮 和"no-repeat"（不重复）按钮 4 个按钮项。若单击"repeat"按钮 ，则在元素的后面水平或垂直平铺图像；若单击"repeat-x"按钮 或"repeat-y"按钮 ，则分别在元素的后面沿水平方向平铺图像或沿垂直方向平铺图像，此时图像被剪辑以适合元素的边界；若单击"no-repeat"按钮 ，则在元素开始处按原图大小显示一次图像。
- "background-origin"（背景原点）选项：设置"background-position"选项以哪种方式进行位置定位，包括"padding-box""border-box""content-box"3 个选项。当"background-attachment"选项为"fixed"时，该属性无效。
- "background-attachment"（背景滚动）选项：设置背景图像为固定或随页面内容的移动而移动，包括"scroll"（滚动）和"fixed"（固定）两个选项。
- "box-shadow"（方框阴影）选项组：设置方框阴影效果，可为方框添加一个或多个阴影。通过"h-shadow"（水平阴影位置）和"v-shadow"（垂直阴影位置）选项设置阴影的水平和垂直位置，"blur"（模糊）选项设置阴影的边缘模糊效果，"color"（颜色）选项设置阴影的颜色，"inset"（可选）选项设置外部阴影与内部阴影之间的切换。

7.1.5 【实战演练】——电商网页

使用"CSS 设计器"面板，设置文字的大小、颜色及行距的显示效果。最终效果参看云盘中的"Ch07 > 效果 > 电商网页 > index.html"，如图 7-63 所示。

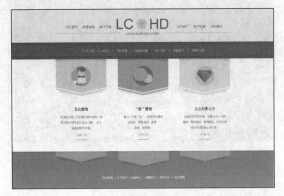

图 7-63

扫码观看
本案例视频

7.2 足球运动网页

7.2.1 【案例分析】

Football 是一个汇集各类足球资讯的视频媒体平台，涵盖丰富内容的同时为足球爱好者带来极致的观看体验；平台集合了多个赛事及影视资源，为观众提供最新、最热的高清在线视频。网页设计要求能够体现出足球网站的特点和丰富多元的资源特色。

7.2.2 【设计理念】

使用绿色作为网页背景，呼应主题的同时，很好地衬托出图形与文字内容；运用建筑色彩线条，使页面充满空间感和韵律感，为页面增添趣味性；时尚新潮的页面设计体现出平台的多元化，让人眼前一亮。最终效果参看云盘中的"Ch07 > 效果 > 足球运动网页 > index.html"，如图 7-64 所示。

扫码观看
本案例视频

图 7-64

7.2.3 【操作步骤】

（1）选择"文件 > 打开"命令，在弹出的"打开"对话框中，选择云盘中的"Ch07 > 素材 > 足球运动网页 > index.html"文件，单击"打开"按钮打开文件，效果如图 7-65 所示。

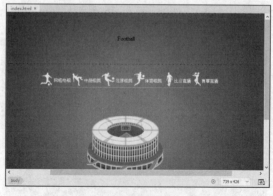

图 7-65

（2）选择"窗口 > CSS 设计器"命令，弹出"CSS 设计器"面板。单击"选择器"选项组中的"添加选择器"按钮 ✚，在"选择器"选项组中出现文本框，输入名称".text"，按 Enter 键确认输入，如图 7-66 所示；在"属性"选项组中单击"文本"按钮 **T**，切换到文本属性，将"color"设为白色，"font-family"设为"ITC Franklin Gothic Heavy"，"font-size"设为 48px，如图 7-67 所示。

图 7-66

图 7-67

（3）选中图 7-68 所示的文字，在"属性"面板的"类"下拉列表中选择".text"选项，应用样式，效果如图 7-69 所示。

图 7-68

图 7-69

（4）选择"窗口 > CSS 过渡效果"命令，弹出"CSS 过渡效果"面板，如图 7-70 所示。单击"新建过渡效果"按钮 ✚，弹出"新建过渡效果"对话框，如图 7-71 所示。

图 7-70

图 7-71

（5）在"目标规则"下拉列表中选择".text"选项，在"过渡效果开启"下拉列表中选择"hover"选项，将"持续时间"设为 2s，"延迟"设为 1s，如图 7-72 所示；单击"属性"选项下方的 ✚ 按钮，在弹出的下拉列表中选择"color"选项，将"结束值"设为红色（#FF0004），如图 7-73 所示。单击"创建过渡效果"按钮，完成过渡效果的创建。

图 7-72

图 7-73

（6）在 Dreamweaver CC 2019 中看不到过渡的真实效果，只有在浏览器的状态下才能看到真实效果。保存文档，按 F12 键预览效果，如图 7-74 所示。当鼠标指针悬停在文字上时，文字延迟 1s 变为红色，如图 7-75 所示。

图 7-74

图 7-75

7.2.4　【相关工具】

1."CSS 过渡效果"面板

CSS 的过渡效果允许 CSS 属性值在一定时间区间内（该时间区间是设置的）平滑地过渡，营造出渐变的效果。单击、鼠标指针经过或对元素进行任何改变时都可以设置触发 CSS 过渡效果。

图 7-76

在"CSS 过渡效果"面板中可以新建、删除和编辑 CSS 过渡效果，如图 7-76 所示。

- "新建过渡效果"按钮￼：单击此按钮，可以创建新的过渡效果。
- "删除选定的过渡效果"按钮￼：单击此按钮，可以将选定的过渡效果删除。
- "编辑所选过渡效果"按钮￼：单击此按钮，可以在弹出的"编辑过渡效果"对话框中修改
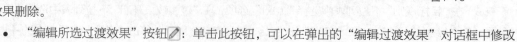

所选的过渡效果的属性。

2. 创建 CSS 过渡效果

在创建 CSS 过渡效果时，需要为元素指定过渡效果的类型。如果在指定效果的类型之前已选择元素，则指定的过渡效果类型会自动应用于选定的元素。

创建 CSS 过渡效果的操作步骤如下。

（1）新建或打开一个文档。

（2）选择"窗口 > CSS 过渡效果"命令，弹出"CSS 过渡效果"面板，如图 7-77 所示。

（3）单击"新建过渡效果"按钮➕，弹出"新建过渡效果"对话框，如图 7-78 所示。

图 7-77   图 7-78

- "目标规则"选项：用于选择或输入所要创建的过渡效果的类型。

- "过渡效果开启"选项：用于设置过渡效果以哪种方式触发。

- "对所有属性使用相同的过渡效果"选项：选择此项，"持续时间"、"延迟"和"计时功能"选项的值应相同。

- "对每个属性使用不同过渡效果"选项：选择此项，可以将"持续时间"、"延迟"和"计时功能"选项设置为不同的值。

- "属性"选项：用于添加属性值。单击"属性"选项下方的➕按钮，在弹出的下拉列表中选择需要的属性即可添加。

- "结束值"选项：用于设置添加属性后的值。

- "选择过渡的创建位置"选项：用于设置过渡所保存的位置，包括"（仅限该文档）"和"（新建样式表文件）"两个选项。

（4）设置好选项后，单击"创建过渡效果"按钮，完成过渡效果的创建，"CSS 过渡效果"面板中会自动生成创建的过渡效果。

（5）在 Dreamweaver CC 2019 中看不到过渡的真实效果，只有在浏览器中才能看到真实效果。保存文档，按 F12 键预览效果。

7.2.5 【实战演练】——鲜花速递网页

使用"CSS 过渡效果"面板，为文字添加阴影效果。最终效果参看云盘中的"Ch07 > 效果 > 鲜

花速递网页 > index.html"，如图 7-79 所示。

扫码观看
本案例视频

图 7-79

7.3 综合演练——葡萄酒网页

7.3.1 【案例分析】

醇香是一家葡萄酒营销厂家，涉及多条业务线，包括葡萄种植、酿造及贮存葡萄酒、葡萄园观赏、酿造体验等。本案例将设计制作其网站页面，要求能够体现出网站丰富的业务线、高品质的质量保证、绿色健康的种植基地等特色，以赢得消费者的信赖。

7.3.2 【设计理念】

网页背景采用酒红色的色彩搭配，与主题相呼应，给人酒香四溢的感觉；将产品照片作为网页的主体，醒目直观地展示出网页的宣传主题，网站分类明确，与背景颜色相呼应；简洁直观的设计让人一目了然，易于查看浏览。

7.3.3 【知识要点】

使用 "CSS 设计器" 面板，改变文字的大小和行距。最终效果参看云盘中的 "Ch07 > 效果 > 葡萄酒网页 > index.html"，如图 7-80 所示。

扫码观看
本案例视频

图 7-80

7.4 综合演练——布艺沙发网页

7.4.1 【案例分析】

Easy Life 是一家家居用品企业，主要销售沙发/座椅系列、卧室系列、厨房用具、办公用品、灯具照明、儿童产品等多个系列产品。现平台分化出新的衍生系列"布艺沙发"，要为其设计制作单独的网站页面，设计要求能够体现出产品特色及品牌特点。

7.4.2 【设计理念】

网页采用简洁的实景照片作为广告区背景，通过优美的画面处理，营造出自然、闲适的氛围，给人清新、悠闲的感觉，符合产品的特色；图文的合理搭配，能够增添画面的美感，与宣传的主题相呼应；整个设计简洁直观，让浏览者一目了然。

7.4.3 【知识要点】

使用"CSS 过渡效果"面板制作超链接变化效果。最终效果参看云盘中的"Ch07 > 效果 > 布艺沙发网页 > index.html"，如图 7-81 所示。

图 7-81

扫码观看
本案例视频

08

第 8 章
模板和库

网站是由多个整齐、规范、流畅的网页组成的。为了保持站点中网页风格的统一，需要在每个网页中制作一些相同的内容，如相同栏目下的导航条、各类图标等，因此网站制作者需要花费大量的时间和精力在重复性的工作上。为了减轻网页制作者的工作量，提高他们的工作效率，将他们从大量重复性工作中解放出来，Dreamweaver CC 2019 提供了模板和库功能。

课堂学习要点

- ✔ 资源面板
- ✔ 模板
- ✔ 库

8.1 慕斯蛋糕店网页

8.1.1 【案例分析】

Mousee 蛋糕店是一家选用全国优质原料，拥有多家店面的直营店，店内提供多种口味的慕斯蛋糕，包括芒果慕斯、草莓慕斯、奇异果慕斯、黄桃慕斯等。此外，还提供庆典蛋糕预订及配送等服务。现为了更好地为客户提供服务，需设计制作线上网页，网页设计要求表现出店铺的特点及魅力。

8.1.2 【设计理念】

页面采用浅色的图案作为背景，突显出产品的精致感和诱惑力；中间是网页的核心信息，包括图片展示、活动信息等，方便客户浏览；整个页面结构清晰，有利于浏览者查询；独具个性的设计使浏览者能够更好地感受到点心的吸引力。最终效果参看云盘中的"Templates > musi.dwt"，如图 8-1 所示。

8.1.3 【操作步骤】

1. 创建模板

（1）选择"文件 > 打开"命令，在弹出的"打开"对话框中，选择云盘中的"Ch08 > 素材 > 慕斯蛋糕店网页 > index.html"文件，单击"打开"按钮，打开文件，如图 8-2 所示。

（2）单击"插入"面板"模板"选项卡中的"创建模板"按钮 ，在弹出的"另存模板"对话框中进行设置，如图 8-3 所示。单击"保存"按钮，弹出"Dreamweaver"提示对话框，如图 8-4 所示。单击"是"按钮，将当前文档转换为模板文档，文档名称也随之改变，如图 8-5 所示。

图 8-2

图 8-3

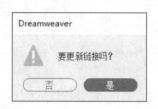

图 8-4　　　　　　　　　　　　　　　图 8-5

2. 创建可编辑区域

（1）选中图 8-6 所示的图片，单击"插入"面板"模板"选项卡中的"可编辑区域"按钮，弹出"新建可编辑区域"对话框，在"名称"文本框中输入名称，如图 8-7 所示。单击"确定"按钮创建可编辑区域，如图 8-8 所示。

图 8-6　　　　　　　　　　图 8-7　　　　　　　　　　图 8-8

（2）选中图 8-9 所示的图片，单击"插入"面板"模板"选项卡中的"可编辑区域"按钮，弹出"新建可编辑区域"对话框，在"名称"文本框中输入名称，如图 8-10 所示。单击"确定"按钮创建可编辑区域，如图 8-11 所示。模板网页效果制作完成。

图 8-9　　　　　　　　　　图 8-10　　　　　　　　　　图 8-11

8.1.4 【相关工具】

1. "资源"面板

"资源"面板用于管理和使用制作网站的各种元素，如图像或视频文件等。选择"窗口 > 资源"命令，即可弹出"资源"面板，如图 8-12 所示。

图 8-12

"资源"面板提供了"站点"和"收藏"两种查看资源的方式,"站点"列表显示站点的所有资源,"收藏"列表仅显示用户曾明确选择的资源。在这两个列表中,资源被分成图像 🖼️ 、颜色 ▦ 、URLs 🔗 、媒体 📼 、脚本 🗒️ 、模板 📄 、库 📖 7 种类别,显示在"资源"面板的左侧。"图像"列表中只显示 GIF、JPEG 或 PNG 格式的图像文件;"颜色"列表显示站点的文档和样式表中使用的颜色,包括文本颜色、背景颜色和链接颜色;"URLs"列表显示当前站点文档中的外部链接,包括 FTP、Gopher、HTTP、HTTPS、JavaScript、电子邮件(mailto)和本地文件(file://)类型的链接;"媒体"列表显示任意版本的.swf 格式文件,不显示 Flash 源文件——.quicktime 或.mpeg 格式文件;"脚本"列表显示独立的 JavaScript 或 VBScript 文件;"模板"列表显示模板文件,方便用户在多个页面上重复使用同一页面布局;"库"列表显示定义的库项目。

图 8-13

在"图像"列表中,面板底部排列着 4 个按钮,分别是"插入"按钮、"刷新站点列表"按钮 ↻ 、"编辑"按钮 ▷ 、"添加到收藏夹"按钮 ⁺▮ 。"插入"按钮用于将"资源"面板中选定的元素直接插入文档中;"刷新站点列表"按钮用于刷新站点列表;"编辑"按钮用于编辑当前选定的元素;"添加到收藏夹"按钮用于将选定的元素添加到收藏夹。单击面板右上方的菜单按钮 ☰ ,弹出一个菜单,菜单中包括"资源"面板中的一些常用命令,如图 8-13 所示。

2.创建模板

在 Dreamweaver CC 2019 中创建模板与制作网页一样。当用户创建模板之后,Dreamweaver 程序会自动把模板存储在站点的本地根目录下的"Templates"子文件夹中,文件扩展名为.dwt。如果此子文件夹不存在,当存储一个新模板时,Dreamweaver 会自动生成此子文件夹。

◎ 创建空白模板

创建空白模板有以下 3 种方法。

(1)在打开的文档编辑窗口中单击"插入"面板"模板"选项卡中的"创建模板"按钮 📄 ,将当前文档转换为模板文档。

（2）在"资源"面板中单击"模板"按钮 ，此时列表为"模板"列表，如图 8-14 所示。单击下方的"新建模板"按钮 ，创建空白模板。此时新的模板将被添加到"资源"面板的"模板"列表中。为该模板输入名称，如图 8-15 所示。

图 8-14

图 8-15

（3）在"资源"面板的"模板"列表中单击鼠标右键，在弹出的菜单中选择"新建模板"命令。

 提 示　　如果要修改新建的空白模板，则先在"模板"列表中选中该模板，然后单击"资源"面板右下方的"编辑"按钮 ；如果要重命名新建的空白模板，则单击"资源"面板右上方的菜单按钮 ，在弹出的菜单中选择"重命名"命令，然后输入新名称即可。

◎ 将现有文档存为模板

（1）选择"文件 > 打开"命令，弹出"打开"对话框，如图 8-16 所示，选择要作为模板的网页，然后单击"打开"按钮打开文件。

（2）选择"文件 > 另存模板"命令，弹出"另存模板"对话框，输入模板名称，如图 8-17 所示。

图 8-16

图 8-17

（3）单击"保存"按钮，弹出"Dreamweaver"提示对话框，单击"是"按钮。此时窗口标题栏显示"<<模板>>zixun.dwt"字样，表明当前文档是一个模板文档，如图 8-18 所示。

图 8-18

3. 定义和取消可编辑区域

创建模板后，网站设计者可能还需要对模板的内容进行编辑，这时可以指定模板中哪些内容是可以编辑的，哪些内容是不可以编辑的。模板的不可编辑区域是指基于模板创建的网页中固定不变的元素；可编辑模板区域是指基于模板创建的网页中用户可编辑修改的区域。当创建一个模板或将一个网页另存为模板时，Dreamweaver CC 2019 默认将所有区域标记为锁定，因此设计者要根据具体要求定义和修改模板的可编辑区域。

◎ 对已有的模板进行修改

在"资源"面板的"模板"列表中选择要修改的模板名，单击面板右下方的"编辑"按钮 或双击模板名后，就可以在文档编辑窗口中编辑该模板了。

 提 示

当模板应用于文档时，用户只能在可编辑区域中进行更改，无法修改锁定区域。

◎ 定义可编辑区域

（1）选择区域。

选择区域有以下两种方法。

① 在文档编辑窗口中选择要设置为可编辑区域的文本或内容。

② 在文档编辑窗口中将光标放在要插入可编辑区域的地方。

（2）弹出"新建可编辑区域"对话框。

弹出"新建可编辑区域"对话框有以下 4 种方法。

① 在"插入"面板的"模板"选项卡中，单击"可编辑区域"按钮 。

② 按 Ctrl + Alt + V 组合键。

③ 选择"插入 > 模板 > 可编辑区域"命令。

④ 在文档编辑窗口中单击鼠标右键，在弹出的菜单中选择"模板 > 新建可编辑区域"命令。

（3）创建可编辑区域。

在"名称"文本框中为该区域输入唯一的名称，如图 8-19 所示。单击"确定"按钮创建可编辑区域，如图 8-20 所示。

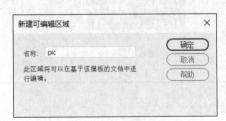

图 8-19

图 8-20

可编辑区域在模板中由高亮显示的矩形边框围绕，该边框使用在"首选项"对话框中设置的高亮颜色，该区域左上角显示该区域的名称。

（4）使用可编辑区域的注意事项。

- 不要在"名称"文本框中输入特殊字符。

- 同一模板中的多个可编辑区域不能使用相同的名称。

- 可以将整个表格或单独的表格单元格标记为可编辑的，但不能将多个表格单元格标记为单个可编辑区域。如果选定<td>标签，则可编辑区域中包括单元格周围的区域；如果未选定，则可编辑区域将只影响单元格中的内容。

- 层和层内容是单独的元素。使层可编辑时可以更改层的位置及其内容，而使层的内容可编辑时只能更改层的内容而不能更改其位置。

- 在普通网页文档中插入一个可编辑区域，Dreamweaver CC 2019 会警告该文档将自动另存为模板。

- 可编辑区域不能嵌套插入。

◎ 定义可编辑的重复区域

重复区域是可以根据需要在基于模板的页面中复制任意次数的模板部分。重复区域通常用于表格，但也可以为其他页面元素定义重复区域。但是重复区域不是可编辑区域，若要使重复区域中的内容可编辑，必须在重复区域内插入可编辑区域。

定义可编辑的重复区域的具体操作步骤如下。

（1）选择区域。

（2）弹出"新建重复区域"对话框。

弹出"新建重复区域"对话框有以下 3 种方法。

① 在"插入"面板的"模板"选项卡中，单击"重复区域"按钮 。

② 选择"插入 > 模板 > 重复区域"命令。

③ 在文档编辑窗口中单击鼠标右键，在弹出的菜单中选择"模板 > 新建重复区域"命令。

（3）定义重复区域。

在"名称"文本框中为模板区域输入唯一的名称，如图 8-21 所示。单击"确定"按钮，将重复区域插入模板中。选择重复区域或其一部分，如表格、行或单元格，定义可编辑区域，如图 8-22 所示。

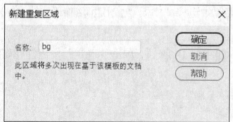

图 8-21

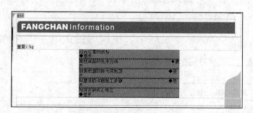

图 8-22

提 示

在一个重复区域内可以插入另一个重复区域。

◎ 定义可编辑的重复表格

如果制作的网页的内容需要经常变化，可使用"重复表格"功能创建模板。此功能可以定义表格属性，并可以设置指定表格中的单元格可编辑。在利用此功能创建的模板中，可以方便地增加或减少表格中格式相同的行，满足网页布局经常变化的需求。

定义可编辑的重复表格的具体操作步骤如下。

（1）将光标放在文档编辑窗口中要插入重复表格的位置。

（2）弹出"插入重复表格"对话框，如图 8-23 所示。

弹出"插入重复表格"对话框有以下两种方法。

① 在"插入"面板的"模板"选项卡中，单击"重复表格"按钮 🔡 。

② 选择"插入 > 模板 > 重复表格"命令。

"插入重复表格"对话框中各选项的作用说明如下。

● "行数"选项：设置表格的行数。

● "列"选项：设置表格的列数。

● "单元格边距"选项：设置单元格内容和单元格边界之间的距离。

● "单元格间距"选项：设置相邻的表格单元格之间的距离。

图 8-23

● "宽度"选项：以像素为单位或以浏览器窗口宽度的百分比设置表格的宽度。

● "边框"选项：以像素为单位设置表格边框的宽度。

● "重复表格行"选项组：设置表格中的哪些行包括在重复区域中。

"起始行"选项：将输入的行号设置为重复区域中的第一行。

"结束行"选项：将输入的行号设置为重复区域中的最后一行。

"区域名称"选项：为重复区域设置唯一的名称。

（3）按需要输入新值，单击"确定"按钮，重复表格即出现在模板中，如图 8-24 所示。

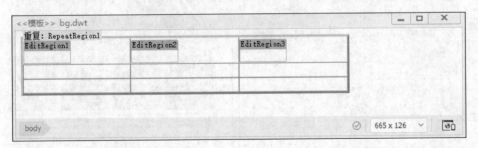

图 8-24

使用重复表格要注意以下几点。

● 如果没有明确指定单元格边距和单元格间距的值，则大多数浏览器按单元格边距为 1、单元格间距为 2 来显示表格。若要浏览器显示的表格没有边距和间距，应将"单元格边距"选项和"单元格间距"选项设置为 0。

● 如果没有明确指定边框的值，则大多数浏览器按边框为 1 显示表格。若要浏览器显示的表格没有边框，应将"边框"设置为0。若要在边框为0时查看单元格和表格边框，则要选择"查看 > 设计视图选项 > 可视化助理 > 表格边框"命令。

● 重复表格可以包含在重复区域内，但不能包含在可编辑区域内。

◎ 取消可编辑区域标记

使用"取消可编辑区域"命令可取消可编辑区域的标记，使之成为不可编辑区域。取消可编辑区域标记有以下两种方法。

（1）先选择可编辑区域，然后选择"工具 > 模板 > 删除模板标记"命令，此时该区域变成不可编辑区域。

（2）先选择可编辑区域，然后在文档编辑窗口下方的可编辑区域标签上单击鼠标右键，在弹出的菜单中选择"删除标签"命令，如图8-25所示，此时该区域变成不可编辑区域。

图8-25

4. 创建基于模板的网页

创建基于模板的网页有两种方法，一是使用"新建"命令创建基于模板的新文档，二是利用"资源"面板中的模板创建基于模板的网页。

◎ 使用"新建"命令创建基于模板的新文档

选择"文件 > 新建"命令，打开"新建文档"对话框，在左侧列表中选择"网站模板"选项，切换到"网站模板"界面。在"站点"列表框中选择本网站的站点，如"文稿"，再从右侧的列表框中选择一个模板文件，如图8-26所示。单击"创建"按钮，创建基于模板的新文档。

编辑完文档后，选择"文件 > 保存"命令，保存所创建的文档。在文档编辑窗口中按照模板中的设置建立了一个新的页面，并可以向可编辑区域内添加信息，如图8-27所示。

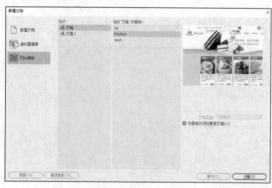

图8-26

图8-27

◎ 利用"资源"面板中的模板创建基于模板的网页

新建HTML文档，选择"窗口 > 资源"命令，弹出"资源"面板。在"资源"面板中，单击左侧的"模板"按钮，再从"模板"列表中选择相应的模板，最后单击面板下方的"应用"按钮，如图8-28所示，在文档中应用该模板。

图 8-28

5. 管理模板

◎ 重命名模板文件

（1）选择"窗口 > 资源"命令，弹出"资源"面板，单击左侧的"模板"按钮 📖，面板右侧显示出本站点的"模板"列表，如图 8-29 所示。

（2）在"模板"列表中，双击模板的名称，然后输入一个新名称。

（3）按 Enter 键使更改生效，此时弹出"更新文件"对话框，如图 8-30 所示。若要更新网站中所有基于此模板的网页，单击"更新"按钮；否则，单击"不更新"按钮。

◎ 修改模板文件

（1）选择"窗口 > 资源"命令，弹出"资源"面板，单击左侧的"模板"按钮 📖，面板右侧显示出本站点的"模板"列表，如图 8-31 所示。

图 8-29

图 8-30

图 8-31

（2）在"模板"列表中双击要修改的模板文件，将其打开，根据需要修改模板内容。例如为表格第 2 行添加背景色，如图 8-32 和图 8-33 所示。

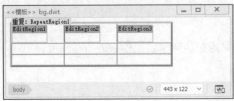
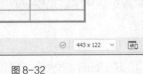

图 8-32

图 8-33

◎ 用模板最新版本更新

用模板的最新版本更新整个站点或应用了特定模板的所有网页，具体操作步骤如下。

（1）弹出"更新页面"对话框。

选择"工具 > 模板 > 更新页面"命令，弹出"更新页面"对话框，如图 8-34 所示。

图 8-34

"更新页面"对话框中各选项的作用如下。

- "查看"选项：设置用模板的最新版本更新整个站点还是更新应用了特定模板的所有网页。
- "更新"选项组：设置更新的类别。
- "显示记录"复选框：设置是否查看 Dreamweaver CC 2019 更新文件的记录。如果勾选 "显示记录"复选框，则下方的文本框中将显示其试图更新的文件信息，以及是否成功更新的信息，如图 8-35 所示。

图 8-35

（2）若用模板的最新版本更新整个站点，则在"查看"选项右侧的第 1 个下拉列表中选择"整个站点"选项，然后在第 2 个下拉列表中选择站点名称；若更新应用了特定模板的所有网页，则在"查看"选项右侧的第 1 个下拉列表中选择"文件使用…"选项，然后在第 2 个下拉列表中选择相应的网页名称。

（3）在"更新"选项组中勾选"模板"复选框。

（4）单击"开始"按钮，即可根据选择更新整个站点或应用了特定模板的所有网页。

（5）单击"关闭"按钮，关闭"更新页面"对话框。

◎ 删除模板文件

选择"窗口 > 资源"命令，弹出"资源"面板。单击左侧的"模板"按钮 ，面板右侧显示出本站点的"模板"列表。单击模板的名称选中该模板，单击面板下方的"删除"按钮 🗑，并确认要删除该模板，该模板文件即从站点中删除。

提 示　删除模板后，基于此模板的网页不会与此模板分离，它们还保留所删除模板的结构和可编辑区域。

8.1.5 【实战演练】——游天下网页

使用"创建模板"按钮创建模板；使用"可编辑区域"按钮和"重复区域"按钮制作可编辑区域和重复可编辑区域。最终效果参看云盘中的"Templates > YTX.dwt"文件，如图 8-36 所示。

图 8-36

扫码观看
本案例视频

8.2 鲜果批发网页

8.2.1 【案例分析】

"鲜果"是一个一站式采购批发平台，能够实现线上下单、采购、库存、分拣、配送等流程一体化管控。本案例为其设计制作网站，在设计上要求结构简洁，主题明确，能突出其商业化的运营模式。

8.2.2 【设计理念】

网页使用大幅产品照片作为背景展示出产品的品质感；信息栏展现出平台沉着可靠的气质，与网页的主题相呼应；简洁明确的文字清晰醒目，让人一目了然；整个页面简洁工整，能够体现平台认真、严谨的工作态度。最终效果参看云盘中的"Ch08 > 效果 > 鲜果批发网页 > index.html"，如图 8-37 所示。

扫码观看
本案例视频

图 8-37

8.2.3 【操作步骤】

1. 把经常用的图标注册到库中

（1）选择"文件 > 打开"命令，在弹出的对话框中选择"Ch08 > 素材 > 鲜果批发网页 > index.html"文件，单击"打开"按钮，效果如图 8-38 所示。

图 8-38

（2）选择"窗口 > 资源"命令，打开"资源"面板，单击左侧的"库"按钮 📖，进入"库"列表，如图 8-39 所示。选中图 8-40 所示的图片，单击"库"列表下方的"新建库项目"按钮 🗐，将选定的图像创建为库项目，如图 8-41 所示。

图 8-39

图 8-40

图 8-41

（3）在可输入状态下，将该库项目重命名为"xg-logo"，按 Enter 键确认输入，弹出"更新文件"对话框，如图 8-42 所示，单击"更新"按钮，"库"列表如图 8-43 所示。

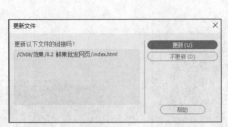

图 8-42   图 8-43

（4）选中图 8-44 所示的表格，单击"库"列表下方的"新建库项目"按钮 ，弹出"Dreamweaver"提示对话框，如图 8-45 所示；单击"确定"按钮，将选定的表格创建为库项目。

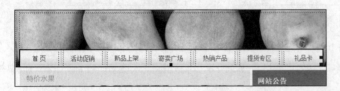

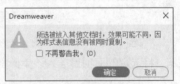

图 8-44   图 8-45

（5）在可输入状态下，将该库项目重命名为"xg-daohang"，按 Enter 键确认输入，在弹出的"更新文件"对话框中单击"更新"按钮，效果如图 8-46 所示，"库"列表如图 8-47 所示。

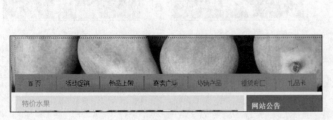

图 8-46   图 8-47

（6）选中图 8-48 所示的文字，单击"库"列表下方的"新建库项目"按钮 ，将选定的文字创建为库项目。在可输入状态下，将其重命名为"xg-text"，按 Enter 键确认输入，在弹出的"更新文件"对话框中单击"更新"按钮，效果如图 8-49 所示。

图 8-48   图 8-49

2. 利用库中注册的项目制作网页文档

（1）选择"文件 > 打开"命令，在弹出的"打开"对话框中，选择云盘中的"Ch08 > 素材 > 鲜果批发网页 > lipinka.html"文件，单击"打开"按钮，效果如图 8-50 所示。将光标置入图 8-51 所示的单元格中。

图 8-50　　　　　　　　　　　　　　　　　　图 8-51

（2）选中"库"列表中的"xg-logo"选项，如图 8-52 所示。单击"库"列表下方的"插入"按钮，将选定的库项目插入该单元格中，效果如图 8-53 所示。将光标置入图 8-54 所示的单元格中。

图 8-52　　　　　　　　图 8-53　　　　　　　　图 8-54

（3）选中"库"列表中的"xg-daohang"选项，如图 8-55 所示。单击"库"列表下方的"插入"按钮，将选定的库项目插入该单元格中，效果如图 8-56 所示。

图 8-55　　　　　　　　　　　　图 8-56

（4）将光标置入图 8-57 所示的单元格中。在"库"列表中选中"xg-text"选项，并将其拖曳到该单元格中，如图 8-58 所示，松开鼠标左键，效果如图 8-59 所示。

图 8-57

图 8-58

图 8-59

（5）保存文档，按 F12 键预览效果，如图 8-60 所示。

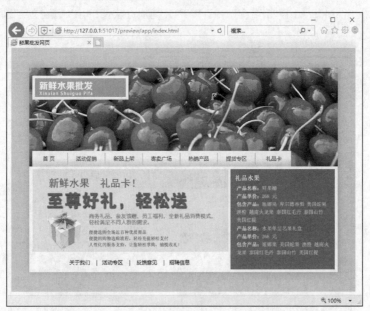

图 8-60

3. 修改库中注册的项目

（1）返回到 Dreamweaver CC 2019 界面中，在"库"列表中双击"xg-text"选项，进入该库项目的编辑界面，效果如图 8-61 所示。

（2）选中图 8-62 所示的文字，在"属性"面板的"目标规则"下拉列表中选择"<新内联样式>"选项，将"文

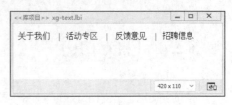

图 8-61

本颜色"设为橘红色（#DC440B），效果如图 8-63 所示。

图 8-62　　　　　　　　　　　　　　　　　图 8-63

（3）选择"文件 > 保存"命令，弹出"更新库项目"对话框，如图 8-64 所示；单击"更新"按钮，弹出"更新页面"对话框，如图 8-65 所示，单击"关闭"按钮关闭对话框。

图 8-64　　　　　　　　　　　　　　　　　图 8-65

（4）返回到"lipinka.html"编辑窗口中，按 F12 键预览效果，可以看到文字的颜色发生了改变，如图 8-66 所示。

图 8-66

8.2.4 【相关工具】

1. 创建库文件

库项目可以包含文档<body>部分中的任意元素，包括文本、表格、表单、Java Applet、插件、ActiveX 元素、导航条和图像等。库项目只是一个对网页元素的引用，原始文件必须保存在指定的位置。

◎ 基于选定内容创建库项目

先在文档编辑窗口中选择要创建为库项目的网页元素，然后创建库项目，并为新的库项目输入一个名称。

创建库项目有以下 3 种方法。

（1）单击"库"列表底部的"新建库项目"按钮 ⏻ 。

（2）在"库"列表中单击鼠标右键，在弹出的菜单中选择"新建库项目"命令。

（3）选择"工具 > 库 > 增加对象到库"命令。

 提 示　　Dreamweaver 在站点本地根目录的"Library"文件夹中将每个库项目都保存为一个单独的文件（文件扩展名为.lbi）。

◎ 创建空白库项目

确保没有在文档编辑窗口中选择任何内容。

（1）选择"窗口 > 资源"命令，弹出"资源"面板。单击"库"按钮 📖 ，进入"库"列表。

（2）单击"库"列表底部的"新建库项目"按钮 ⏻ ，一个新的无标题的库项目被添加到面板的列表中，如图 8-67 所示。为该项目输入一个名称，并按 Enter 键确定。

图 8-67

2. 向页面添加库项目

当向页面添加库项目时，将把实际内容及对该库项目的引用一起插入文档中。此时，无须提供原项目就可以正常显示。在页面中插入库项目的具体操作步骤如下。

（1）将光标放在文档编辑窗口中的合适位置。

（2）选择"窗口 > 资源"命令，弹出"资源"面板。单击"库"按钮 📖 ，进入"库"列表。将库项目插入网页中，效果如图 8-68 所示。

将库项目插入网页有以下两种方法。

① 将一个库项目从"库"列表拖曳到文档编辑窗口中。

② 在"库"列表中选中一个库项目，然后单击面板底部的"插入"按钮。

 提 示　　若要在文档中插入库项目的内容而不包括对该项目的引用，可在从"资源"面板向文档中拖曳该项目的同时按住 Ctrl 键，插入的效果如图 8-69 所示。如果用这种方法插入库项目，则可以在文档中编辑该项目，但当更新该项目时，使用该库项目的文档不会随之更新。

图 8-68

图 8-69

3. 管理库文件

当修改库项目时，会同时更新使用该项目的所有文档。如果选择不更新，那么文档将不会更新但仍保持与库项目的关联，可以在以后进行更新。

对库项目的更改包括重命名库项目、删除库项目、重新创建已删除的库项目、修改库项目、用最新库项目更新。

◎ 重命名库项目

重命名库项目可以断开其与文档或模板的连接。重命名库项目的具体操作步骤如下。

（1）选择"窗口 > 资源"命令，弹出"资源"面板。单击"库"按钮 📖，进入"库"列表。

（2）在"库"列表中选中要编辑的项目，单击选中的项目名称，使文本可编辑，然后输入一个新名称。

（3）按 Enter 键使更改生效，此时弹出"更新文件"对话框，如图 8-70 所示。若要更新站点中所有使用该项目的文档，单击"更新"按钮；否则，单击"不更新"按钮。

◎ 删除库项目

选择"窗口 > 资源"命令，弹出"资源"面板。单击"库"按钮 📖，进入"库"列表，删除选择的库项目。删除库项目有以下两种方法。

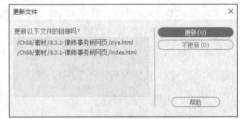

图 8-70

（1）在"库"列表中单击选中库项目，单击面板底部的"删除"按钮 🗑，然后确认删除该项目。

（2）在"库"列表中单击选中库项目，然后按 Delete 键并确认删除该项目。

提 示　删除一个库项目后，将无法使用"编辑 > 撤销"命令来找回它，只能重新创建。从库中删除库项目后，不会更改任何使用该项目的文档的内容。

◎ 重新创建已删除的库项目

若网页中已插入了库项目，但该库项目被误删，此时，可以重新创建库项目。重新创建已删除库项目的具体操作步骤如下。

（1）在网页中选择被删除的库项目的一个实例。

（2）选择"窗口 > 属性"命令，弹出"属性"面板，如图 8-71 所示。单击"重新创建"按钮，此时在"库"列表中将显示该库项目。

图 8-71

◎ 修改库项目

选择"窗口 > 资源"命令，弹出"资源"面板，单击左侧的"库"按钮 📖，面板右侧显示出本站点的"库"列表，如图 8-72 所示。

在"库"列表中双击要修改的库项目或单击面板底部的"编辑"按钮 来打开库项目，如图 8-73 所示。此时，可以根据需要修改库项目的内容。

图 8-72

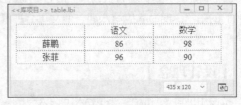

图 8-73

◎ 用最新库项目更新

用库项目的最新版本更新整个站点或插入了该库项目的所有网页，具体操作步骤如下。

（1）打开"更新页面"对话框。

（2）用库项目的最新版本更新整个站点，先在"查看"选项右侧的第 1 个下拉列表中选择"整个站点"选项，然后在第 2 个下拉列表中选择站点名称。若更新插入该库项目的所有网页，则在"查看"选项右侧的第 1 个下拉列表中选择"文件使用…"选项，然后在第 2 个下拉列表中选择相应的网页名称。

（3）在"更新"选项组中勾选"库项目"复选框。

（4）单击"开始"按钮，即可根据选择更新整个站点或插入了该库项目的所有网页。

（5）单击"关闭"按钮关闭"更新页面"对话框。

8.2.5 【实战演练】——律师事务所网页

使用"资源"面板添加库项目；使用库中注册的项目制作网页文档；使用"CSS 设计器"面板更改文本的颜色。最终效果参看云盘中的"Ch08 > 效果 > 律师事务所网页 > index.html"，如图 8-74 所示。

图 8-74

扫码观看
本案例视频

8.3　综合演练——电子吉他网页

8.3.1　【案例分析】

"吉他"是一家电子乐器制造有限公司，专注吉他事业发展，立志为更多怀揣梦想的学习者设计制作出适合他们的乐器。现为响应第八届吉他文化节开幕式的召开，公司需要设计新的网站页面，设计要求搭配合理，能吸引浏览者观看。

8.3.2　【设计理念】

网页的背景使用沉静的深蓝色，带给人沉稳大气的感觉；网页的页面划分较有特色，灵活多变的页面使网页看起来更加丰富；图文搭配合理，乐器照片丰富且与主题相呼应；网页整体设计画面美观，符合网站的特色。

8.3.3　【知识要点】

使用"创建模板"按钮创建模板；使用"可编辑区域"按钮和"重复区域"按钮制作可编辑区域和重复区域效果。最终效果参看云盘中的"Ch08 > 效果 > 电子吉他网页 > index.html"，如图 8-75 所示。

图 8-75

扫码观看
本案例视频

8.4　综合演练——婚礼策划网页

8.4.1　【案例分析】

婚礼策划是一家根据每位客户的不同需求、爱好或诉求而量身定制婚礼的婚庆团队，由专业的策划师、造型师等人员组成，目前已有多个典型的成功案例。网页设计要求时尚大气，营造出浪漫温馨的氛围。

8.4.2 【设计理念】

网页背景以淡雅柔和的香槟色花朵为主体，营造出浪漫温馨的氛围；美丽的女性和浪漫的文字突出了网页的主题和特色；字体的渐变效果增强了画面的层次与质感，显得时尚大气；明确清晰的网页版式，让人一目了然。

8.4.3 【知识要点】

使用"资源"面板添加库项目；使用库中注册的项目制作网页文档。最终效果参看云盘中的"Ch08 > 效果 > 婚礼策划网页 > index.html"，如图 8-76 所示。

图 8-76

扫码观看
本案例视频

09

第 9 章
表单与行为

随着网络的普及，越来越多的人在网上拥有自己的个人网站。一般情况下，个人网站的设计者除了想宣传自己外，还希望收到他人的反馈信息。表单为网站设计者提供了通过网络接收用户数据的平台，如注册会员页、网上订货页、检索页等，都是通过表单来收集用户信息的。因此，表单是网站管理者与浏览者之间沟通的桥梁。

行为是 Dreamweaver CC 2019 预置的 JavaScript 程序库，每个行为包括一个动作和一个事件。任何一个动作都需要一个事件激活，两者相辅相成。动作是一段已编辑好的 JavaScript 代码的，这些代码在特定事件被激发时执行。

课堂学习要点

- ✔ 使用表单和文本域
- ✔ 应用复选框和单选按钮
- ✔ 创建列表和菜单
- ✔ 创建文件域和提交按钮
- ✔ 行为的应用

9.1 人力资源网页

9.1.1 【案例分析】

人力资源网是一个专为 HR 提供的网络服务交流平台，汇集了多方人力资源，倡导全新的服务理念，为从业者提供一流的管理服务、最新的行业资讯、完善的学习课程等内容。网页设计要求体现出平台专业的服务态度和优质的服务理念。

9.1.2 【设计理念】

网页以实景照片为主背景，突出主题；网页的图案清新自然，在细节处理上颇为仔细，加强了视觉上的美感；中心的注册表结构简单、清晰明确，体现出简洁美观的风格；网页的整体设计简单大方，配色清朗明快，充满活力。最终效果参看云盘中的"Ch09 > 效果 > 人力资源网页 > index.html"，如图 9-1 所示。

扫码观看
本案例视频

图 9-1

9.1.3 【操作步骤】

1. 插入单选按钮

（1）选择"文件 > 打开"命令，在弹出的"打开"对话框中，选择云盘中的"Ch09 > 素材 > 9.1 人力资源网页 > index.html"文件，如图 9-2 所示。单击"打开"按钮打开文件，如图 9-3 所示。

图 9-2

图 9-3

（2）将光标置入"注册类型"右侧的单元格中，如图 9-4 所示。单击"插入"面板"表单"选项卡中的"单选按钮"按钮 ⊙，在光标所在位置插入一个单选按钮，效果如图 9-5 所示。保持单选按钮的选取状态，按 Ctrl+C 组合键，将其复制到剪贴板中；在"属性"面板中，勾选"Checked"复选框，效果如图 9-6 所示。选中英文"Radio Button"并将其更改为"个人注册"，效果如图 9-7 所示。

图 9-4　　　　　　图 9-5　　　　　　图 9-6　　　　　　图 9-7

（3）将光标置入文字"个人注册"的右侧，如图 9-8 所示。按 Ctrl+V 组合键，将剪贴板中的单选按钮粘贴到光标所在位置，效果如图 9-9 所示。输入文字"企业注册"，效果如图 9-10 所示。

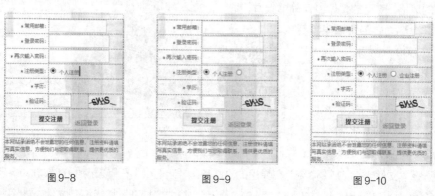

图 9-8　　　　　　　　图 9-9　　　　　　　　图 9-10

2．插入复选框

（1）将光标置入"学历"右侧的单元格中，如图 9-11 所示，单击"插入"面板"表单"选项卡中的"复选框"按钮 ☑，在单元格中插入一个复选框，效果如图 9-12 所示。选中英文"Checkbox"并将其更改为"研究生"，如图 9-13 所示。用相同的方法插入多个复选框，并分别输入文字，效果如图 9-14 所示。

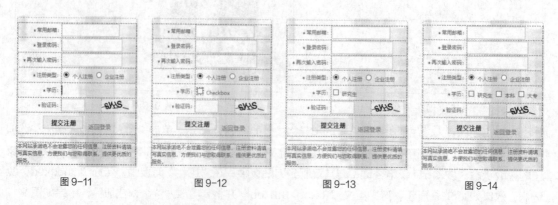

图 9-11　　　　　　图 9-12　　　　　　图 9-13　　　　　　图 9-14

（2）保存文档，按 F12 键预览效果，如图 9-15 所示。

图 9-15

9.1.4 【相关工具】

1. 创建表单

表单是一个"容器",用来存放表单对象,并负责将表单对象的值提交给服务器端的某个程序处理,所以在添加文本域、按钮等表单对象之前,要先创建表单。

在文档中插入表单的具体操作步骤如下。

(1)在文档编辑窗口中,将光标置入要插入表单的位置。

(2)插入表单,文档编辑窗口中出现一个红色的虚轮廓线用来指示表单域,如图 9-16 所示。

插入表单有以下几种方法。

① 单击"插入"面板"表单"选项卡中的"表单"按钮 ▤,或直接拖曳"表单"按钮 ▤ 到文档中。

② 选择"插入 > 表单 > 表单"命令。

图 9-16

提 示　　　一个页面中可包含多个表单,每一个表单都是用<form>和</form>标签来标记的。在插入表单后,如果没有看到表单的轮廓线,可选择"查看 > 设计视图选项 > 可视化助理 > 不可见元素"命令来显示表单的轮廓线。

2. 表单的属性

在文档编辑窗口中选择表单,"属性"面板中出现图 9-17 所示的表单属性。

图 9-17

表单"属性"面板中各选项的作用介绍如下。

- "ID"选项：为表单输入一个名称。
- "Class"选项：将 CSS 规则应用于表单。
- "Action"选项：识别处理表单信息的服务器端应用程序。
- "Method"选项：定义表单数据处理的方式，包括下面 3 个选项。"默认"表示使用浏览器的默认设置将表单数据发送到服务器，通常默认方式为 get；"get"表示将在 HTTP 请求中嵌入表单数据传送给服务器；"post"表示将值附加到请求该页的 URL 中传送给服务器。
- "Title"选项：用来设置表单域的标题名称。
- "No Validate"复选框：该属性为 HTML5 新增的表单属性，勾选该复选框，表示当前表单不对表单中的内容进行验证。
- "Auto Complete"复选框：该属性为 HTML5 新增的表单属性，勾选该复选框，表示启用表单的自动完成功能。
- "Enctype"选项：用来设置发送数据的编码类型，共有两个选项，分别是"application/x-www-form-urlencoded"和"multipart/form-data"，默认的编码类型是"application/x-www-form-urlencoded"。"application/x-www-form-urlencoded"通常和"post"方式协同使用。如果表单中包含文件上传域，则应该选择"multipart/form-data"选项。
- "Target"选项：指定一个窗口，在该窗口中显示调用程序所返回的数据。
- "Accept Charset"选项：该选项用于设置服务器表单数据所接收的字符集，在该选项的下拉列表中共有 3 个选项，分别是"默认""UTF-8"和"ISO-8859-1"。

3. 文本域

制作网页时通常使用表单的文本域来接收用户输入的信息，文本域包括单行文本域、多行文本域、密码文本域 3 种。一般情况下，当用户输入较少的信息时，使用单行文本域接收；当用户输入较多的信息时，使用多行文本域接收；当用户输入密码等保密信息时，使用密码文本域接收。

◎ 插入单行文本域

要在表单域中插入单行文本域，先将光标置于表单轮廓内需要插入单行文本域的位置，然后插入单行文本域，如图 9-18 所示。

插入单行文本域有以下两种方法。

（1）单击"插入"面板"表单"选项卡中的"文本"按钮 □，可在文档编辑窗口中添加单行文本域。

（2）选择"插入 > 表单 > 文本"命令，在文档编辑窗口的表单中会出现一个单行文本域。

图 9-18

在"属性"面板中显示了单行文本域的属性，如图 9-19 所示，用户可根据需要设置该单行文本域的各项属性。

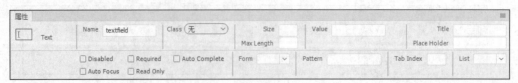

图 9-19

- "Name"选项：用来设置文本域的名称。
- "Class"选项：将 CSS 规则应用于文本域。
- "Size"选项：用来设置文本域中最多能显示的字符数。
- "Max Length"选项：用来设置文本域中最多能输入的字符数。
- "Value"选项：用来输入提示性文本。
- "Title"选项：用来设置文本域的提示标题文字。
- "Place Holder"选项：该属性为 HTML5 新增的表单属性。用户可在此设置文本域预期值的提示信息，该提示信息会在文本域为空时显示，并在文本域获得焦点时消失。
- "Disabled"复选框：勾选该复选框，表示禁用该文本字段，被禁用的文本域既不可用，也不可以单击。
- "Auto Focus"复选框：该属性为 HTML5 新增的表单属性。勾选该复选框后，当网页被加载时，该文本域会自动获得焦点。
- "Required"复选框：该属性为 HTML5 新增的表单属性。若勾选该复选框，则在提交表单之前必须填写所选文本域。
- "Read Only"复选框：勾选该复选框，表示所选文本域为只读属性，不能对该文本域的内容进行修改。
- "Auto Complete"复选框：该属性为 HTML5 新增的表单属性。勾选该复选框，表示所选文本域启用自动完成功能。
- "Form"选项：该属性用于设置表单元素相关的表单标签的 ID，可以在该选项的下拉列表中选择网页中已经存在的表单域标签。
- "Pattern"选项：该属性为 HTML5 新增的表单属性，用于设置文本域的模式或格式。
- "Tab Index"选项：该属性用于设置表单元素的 Tab 键控制次序。
- "List"选项：该属性为 HTML5 新增的表单属性，用于设置引用的数据列表，其中包含文本域的预定义选项。

◎ 插入多行文本域

多行文本域为访问者提供了一个较大的区域，供其输入反馈。在此可以指定访问者能够输入的最多可见行数及对象的字符宽度。如果输入的文本超过这些设置，则该文本域将按照换行属性中指定的设置进行滚动。

图 9-20

若要在表单域中插入多行文本域，则先将光标置于表单轮廓内需要插入多行文本域的位置，然后插入多行文本域，如图 9-20 所示。

插入多行文本域有以下两种方法。

（1）单击"插入"面板"表单"选项卡中的"文本区域"按钮 □，可在文档编辑窗口中添加多行文本域。

（2）选择"插入 > 表单 > 文本区域"命令，在文档编辑窗口的表单中会出现一个多行文本域。

在"属性"面板中显示了多行文本域的属性，如图 9-21 所示，用户可根据需要在此设置该多行文本域的各项属性。

图 9-21

- "Rows"选项：用于设置文本域的可见高度，以行计数。
- "Cols"选项：用于设置文本域的字符宽度。
- "Wrap"选项：通常情况下，当用户在文本域中输入文本后，浏览器会将它们按照输入时的状态发送给服务器。注意，只有在用户按下 Enter 键的地方才会换行。如果希望启动换行功能，可以将"Wrap"选项设置为"virtual"或"physical"，这样当用户输入的一行文本超过文本域的宽度时，浏览器会自动将多余的文字移动到下一行显示。
- "Value"选项：用于设置文本域的初始值，可以在文本框中输入相应的内容。

◎ 插入密码文本域

密码文本域是特殊类型的文本域。当用户在密码文本域中输入文本时，所输入的文本被替换为星号或项目符号，以隐藏该文本，保护这些信息不被他人看到。若要在表单域中插入密码文本域，则先将光标置于表单轮廓内需要插入密码文本域的位置，然后插入密码文本域，如图 9-22 所示。

图 9-22

插入密码文本域有以下两种方法。

（1）单击"插入"面板"表单"选项卡中的"密码"按钮 ▣▣，可在文档编辑窗口中添加密码文本域。

（2）选择"插入 > 表单 > 密码"命令，在文档编辑窗口的表单中会出现一个密码文本域。

在"属性"面板中显示了密码文本域的属性，如图 9-23 所示，用户可根据需要在此设置该密码文本域的各项属性。

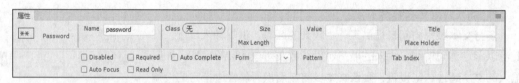

图 9-23

密码文本域属性的设置与单行文本域属性的设置相同。只是"Max Length"将密码限制为 10 个字符。

4. 单选按钮

为了使单选按钮的布局更加合理，通常采用逐个插入单选按钮的方式。若要在表单域中插入单选按钮，先将光标放在表单轮廓内需要插入单选按钮的位置，然后插入单选按钮，如图 9-24 所示。

图 9-24

插入单选按钮有以下两种方法。

（1）单击"插入"面板"表单"选项卡中的"单选按钮"按钮 ◉，在文档编辑窗口的表单中会出现一个单选按钮。

（2）选择"插入 > 表单 > 单选按钮"命令，在文档编辑窗口的表单中会出现一个单选按钮。

在"属性"面板中显示了单选按钮的属性，如图 9-25 所示，可以根据需要在此设置该单选按钮的各项属性。

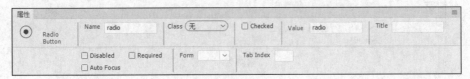

图 9-25

- "Checked"复选框：设置该单选按钮的初始状态，即在浏览器中载入表单时，该单选按钮是否处于被选中的状态。

5. 单选按钮组

先将光标放在表单轮廓内需要插入单选按钮组的位置，然后弹出"单选按钮组"对话框，如图 9-26 所示。

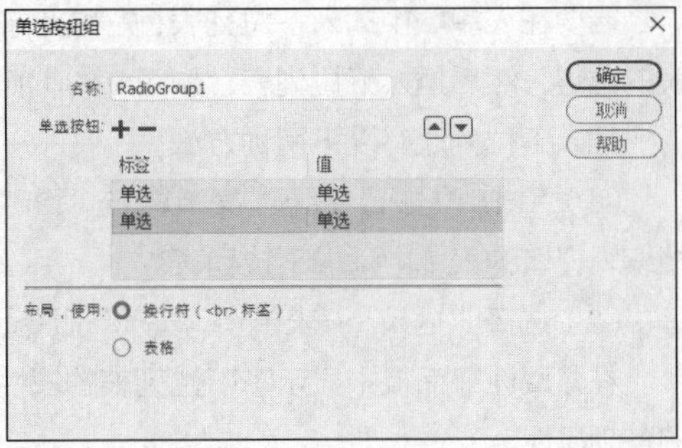

弹出"单选按钮组"对话框有以下两种方法。

（1）单击"插入"面板"表单"选项卡中的"单选按钮组"按钮 ▤ 。

（2）选择"插入 > 表单 > 单选按钮组"命令。

"单选按钮组"对话框中的选项作用如下。

- "名称"选项：用于输入该单选按钮组的名称，每个单选按钮组的名称都不能相同。

- ＋ 和 ー 按钮：用于向单选按钮组内添加或删除单选按钮。

图 9-26

- ▲ 和 ▼ 按钮：用于重新排序单选按钮。

- "标签"选项：设置单选按钮右侧的提示信息。

- "值"选项：设置此单选按钮代表的值，一般为字符型数据，即当用户选定该单选按钮时，表单指定的处理程序获得的值。

- "换行符"或"表格"选项：使用换行符或表格来设置这些按钮的布局方式。

根据需要设置该按钮组的每个选项，单击"确定"按钮，在文档编辑窗口的表单中出现单选按钮组，如图 9-27 所示。

图 9-27

6. 复选框

为了使复选框的布局更加合理，通常采用逐个插入复选框的方式。若要在表单域中插入复选框，先将光标放在表单轮廓内需要插入复选框的位置，然后插入复选框，如图 9-28 所示。

插入复选框有以下两种方法。

（1）单击"插入"面板"表单"选项卡中的"复选框"按钮 ☑ ，在文档编辑窗口的表单中会出现一个复选框。

图 9-28

（2）选择"插入 > 表单 > 复选框"命令，在文档编辑窗口的表单中会出现一个复选框。

在"属性"面板中显示了复选框的属性，如图 9-29 所示，可以根据需要在此设置该复选框的各项属性。

图 9-29

插入复选框组的操作与插入单选按钮组类似，故不再赘述。

7. 创建下拉列表和滚动列表

在表单中有两种类型的菜单列表，一种是下拉列表，一种是滚动列表，它们都包含一个或多个菜单列表选项。当用户需要在预先设定的菜单列表选项中选择一个或多个选项时，可使用"选择"功能创建下拉列表或滚动列表。

◎ 插入下拉列表

若要在表单域中插入下拉列表，先将光标放在表单轮廓内需要插入列表的位置，然后插入下拉列表，如图 9-30 所示。

图 9-30

插入下拉列表有以下两种方法。

（1）单击"插入"面板"表单"选项卡中的"选择"按钮 ，在文档编辑窗口的表单中添加下拉列表。

（2）选择"插入 > 表单 > 选择"命令，在文档编辑窗口的表单中添加下拉列表。

在"属性"面板中显示了下拉列表的属性，如图 9-31 所示，可以根据需要在此设置该下拉列表的各项属性。

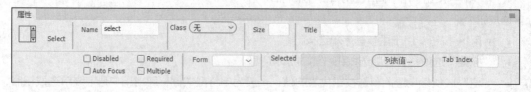

图 9-31

下拉列表"属性"面板中各选项的作用如下。

- "Size"选项：用来设置页面中显示的高度。不设置或设置为小于 2 的值，则显示下拉列表；设置为大于或等于 2 的值，则显示滚动列表。

- "Selected"选项：设置下拉列表中默认选择的选项。

- "列表值"按钮：单击此按钮，弹出图 9-32 所示的"列表值"对话框，在该对话框中可单击"加号"按钮 + 或"减号"按钮 — 在下拉列表中添加或删除选项。选项在列表中出现的顺序与在"列表值"对话框中出现的顺序一致。当浏览器载入页面时，列表中的第 1 个选项是默认选项。

◎ 插入滚动列表

若要在表单域中插入滚动列表，先将光标放在表单轮廓内需要插入滚动列表的位置，然后插入滚动列表，如图 9-33 所示。

插入滚动列表的方法与插入下拉列表的方法相同，将"属性"面板中的"Size"选项设置为大于或等于 2 的数值，则显示滚动列表。

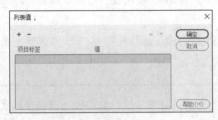

图 9-32

图 9-33

在"属性"面板中显示了滚动列表的属性，如图 9-34 所示，可以根据需要设置该滚动列表的各项属性。

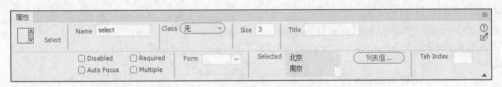

图 9-34

8. 创建文件域

网页中要实现访问者上传文件的功能，需要在表单中插入文件域。文件域的外观与其他文本域类似，只是文件域还包含一个"浏览"按钮，如图 9-35 所示。访问者可以手动输入要上传的文件路径，也可以使用"浏览"按钮定位并选择文件。

提 示　文件域要求使用 post 方式将文件从浏览器传输到服务器上，该文件被发送至服务器的地址由表单的"操作"文本框所指定。

若要在表单域中插入文件域，则先将光标放在表单轮廓内需要插入文件域的位置，然后插入文件域。

插入文件域有以下两种方法。

（1）将光标置入表单域中，单击"插入"面板"表单"选项卡中的"文件"按钮 ，在文档编辑窗口的单元格中会出现一个文件域。

（2）选择"插入 > 表单 > 文件"命令，在文档编辑窗口的表单中会出现一个文件域。

在"属性"面板中显示了文件域的属性，如图 9-36 所示，可以根据需要在此设置该文件域的各项属性。

图 9-35

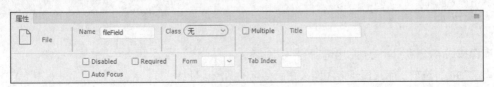

图 9-36

文件域"属性"面板某些选项的作用如下。

● "Multiple"复选框：该属性为 HTML5 新增的表单元素属性，勾选该复选框，表示该文件域可以直接接收多个值。

● "Required"复选框：该属性为 HTML5 新增的表单元素属性，勾选该复选框，表示在提交表单之前必须设置相应的值。

 提 示　　　在使用文件域之前，要与服务器管理员联系，确认允许使用匿名文件上传，否则文件域无效。

9. 插入图像按钮（创建图像域）

Dreamweaver CC 2019 提供了默认的按钮样式，有时为了设计需要，也可使用自定义的图像代替按钮。插入图像按钮的具体操作步骤如下。

（1）将光标放在表单轮廓内需要插入图像按钮的位置。

（2）弹出"选择图像源文件"对话框，选择作为按钮的图像文件，如图 9-37 所示。

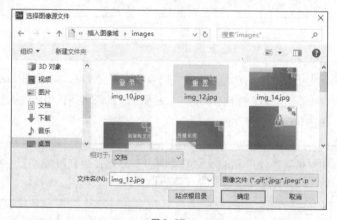

图 9-37

弹出"选择图像源文件"对话框有以下两种方法。

① 单击"插入"面板"表单"选项卡中的"图像按钮"按钮 。

② 选择"插入 > 表单 > 图像"命令。

（3）在"属性"面板中出现图 9-38 所示的图像按钮的属性，可以根据需要在此设置该图像按钮的各项属性。

图 9-38

图像按钮"属性"面板中常用选项的作用如下。

● "Src"选项：用来显示该图像按钮所使用的图像地址。

● "宽（W）"和"高（H）"选项：设置图像按钮的宽和高。

- "Form Action" 选项：设置按钮所使用的图像。
- "Form Method" 选项：设置如何发送表单数据。
- "编辑图像" 按钮：单击该按钮，将启动外部图像编辑软件对该图像域所使用的图像进行编辑。

（4）若要将某个 JavaScript 行为附加到该按钮上，则选择该图像，然后在"行为"控制面板中选择相应的行为。

（5）完成设置后保存并预览网页，效果如图 9-39 所示。

图 9-39

10. 插入按钮

按钮的作用是控制表单的操作。一般情况下，表单中设有"提交"按钮、"重置"按钮和普通按钮等，浏览者在网上申请 QQ、邮箱或注册会员时会见到。Dreamweaver CC 2019 将按钮分为 3 种类型，即按钮、"提交"按钮和"重置"按钮。其中，按钮元素需要制作者指定单击该按钮时要执行的操作，例如添加一个 JavaScript 脚本，使得浏览者单击该按钮时打开另一个页面。

若要在表单域中插入按钮表单，则先将光标放在表单轮廓内需要插入按钮表单的位置，然后插入按钮表单，如图 9-40 所示。

图 9-40

插入按钮表单有以下两种方法。

（1）单击"插入"面板"表单"选项卡中的"按钮"按钮 ⬭，在文档编辑窗口的单元格中会出现一个按钮表单。

（2）选择"插入 > 表单 > 按钮"命令，在文档编辑窗口的表单中会出现一个按钮表单。

在"属性"面板中显示了按钮表单的属性，如图 9-41 所示，可以根据需要在此设置该按钮表单的各项属性。

图 9-41

按钮相关属性的设置与前面介绍的表单元素属性的设置基本相同，这里就不再赘述。

11. 插入"提交"按钮

"提交"按钮的作用是，在用户单击该按钮时将表单数据内容提交给表单域的 Action 属性中指定的处理程序进行处理。

若要在表单域中插入"提交"按钮，先将光标放在表单轮廓内需要插入"提交"按钮的位置，然后插入"提交"按钮。

插入"提交"按钮有以下两种方法。

（1）单击"插入"面板"表单"选项卡中的"'提交'按钮"按钮 ☑ ，在文档编辑窗口的单元格中会出现一个"提交"按钮。

（2）选择"插入 > 表单 > '提交'按钮"命令，在文档编辑窗口的表单中会出现一个"提交"按钮。

在"属性"面板中显示了"提交"按钮的属性，如图 9-42 所示，可以根据需要在此设置该按钮表单的各项属性。

图 9-42

"提交"按钮相关属性的设置与前面介绍的表单元素属性的设置基本相同，这里就不再赘述。

12. 插入"重置"按钮

"重置"按钮的作用是，在用户单击该按钮时清除表单中所做的设置，恢复为默认的设置。

图 9-43

若要在表单域中插入"重置"按钮，先将光标放在表单轮廓内需要插入"重置"按钮的位置，然后插入"重置"按钮，如图 9-43 所示。

插入"重置"按钮表单有以下两种方法。

（1）单击"插入"面板"表单"选项卡中的"'重置'按钮"按钮 ↺ ，在文档编辑窗口的单元格中会出现一个"重置"按钮。

（2）选择"插入 > 表单 > '重置'按钮"命令，在文档编辑窗口的表单中会出现一个"重置"按钮。

在"属性"面板中显示了"重置"按钮的属性，如图 9-44 所示，可以根据需要在此设置该按钮表单的各项属性。

图 9-44

"重置"按钮相关属性的设置与前面介绍的表单元素属性的设置基本相同，这里就不再赘述。

9.1.5 【实战演练】——健康测试网页

使用"选择"按钮插入下拉列表；使用"属性"面板设置下拉列表的属性。最终效果参看云盘中的"Ch09 > 效果 > 健康测试网页 > index.html"，如图 9-45 所示。

图 9-45

扫码观看
本案例视频

9.2 动物乐园网页

9.2.1 【案例分析】

动物乐园是一个野生动物园，园内饲养了多种野生动物，数量庞大，是适合游客参观和学习知识的乐园；园内分为多个区块，模拟动物实际的生活环境，最大程度地保护动物天性。网页设计要求体现出动物乐园的特点和开放政策。

扫码观看
本案例视频

9.2.2 【设计理念】

网页背景采用实景，带给人直观的视觉感受，成群的动物、广袤的草地、无垠的天际营造出动植物自由无忧的生活状态；整个页面结构清晰、信息明确、主题突出，报名表的摆放及设计简洁明了，能够让浏览者印象深刻。最终效果参看云盘中的"Ch09 > 效果 > 动物乐园网页 > index.html"，如图 9-46 所示。

9.2.3 【操作步骤】

（1）选择"文件 > 打开"命令，在弹出的"打开"对话框中，选择云盘中的"Ch09 >

图 9-46

素材 > 动物乐园网页 > index.html"文件，单击"打开"按钮打开文件，效果如图 9-47 所示。

（2）将光标置入文字"联系人："右侧的单元格，如图 9-48 所示。单击"插入"面板"表单"选项卡中的"文本"按钮 □，在单元格中插入单行文本域。选中文字"Text Field:"按 Delete 键将其删除。选中单行文本域，在"属性"面板中将"Size"设为 20，效果如图 9-49 所示。

图 9-47

图 9-48

图 9-49

（3）用相同的方法在文字"票数："右侧的单元格中插入一个单行文本域，并在"属性"面板中设置相应的属性，效果如图 9-50 所示。将光标置入文字"联系电话："右侧的单元格，单击"插入"面板"表单"选项卡中的"Tel"按钮 📞，在单元格中插入 Tel 文本域。选中文字"Tel:"，按 Delete 键将其删除，效果如图 9-51 所示。

（4）选中 Tel 文本域，在"属性"面板中将"Size"设为 18，"Max Length"设为 11，效果如图 9-52 所示。

图 9-50

图 9-51

图 9-52

（5）将光标置入文字"参观日期："右侧的单元格，单击"插入"面板"表单"选项卡中的"日期"按钮 📅，在光标所在的位置插入日期表单元素。选中文字"Date:"，按 Delete 键将其删除，效果如图 9-53 所示。

（6）将光标置入文字"备注："右侧的单元格，单击"插入"面板"表单"选项卡中的"文本区域"按钮 □，在光标所在的位置插入多行文本域。选中文字"Text Area:"，按 Delete 键将其删除，效果如图 9-54 所示。

图 9-53   图 9-54

（7）选中多行文本域，在"属性"面板中将"Rows"设为 6，"Cols"设为 56，效果如图 9-55 所示。将光标置入图 9-56 所示的单元格。

图 9-55   图 9-56

（8）单击"插入"面板"表单"选项卡中的"'提交'按钮"按钮 ☑，在光标所在的位置插入一个"提交"按钮，效果如图 9-57 所示。将光标置于"提交"按钮的右侧，单击"插入"面板"表单"选项卡中的"'重置'按钮"按钮 ↺，在光标所在的位置插入一个"重置"按钮，效果如图 9-58 所示。

图 9-57   图 9-58

（9）保存文档，按 F12 键预览效果，如图 9-59 所示。

图 9-59

9.2.4 【相关工具】

1. 插入电子邮件文本域

Dreamweaver CC 2019 为了适应 HTML5 的发展，增加了许多全新的 HTML5 表单元素，电子邮件文本域就是其中的一种。

电子邮件文本域是专门为输入 E-mail 地址而定义的文本框，在其中程序会验证输入的文本是否符合 E-mail 地址的格式，并会提示验证错误。

若要在表单域中插入电子邮件文本域，先将光标置于表单轮廓内需要插入电子邮件文本域的位置，然后插入电子邮件文本域，如图 9-60 所示。

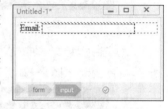

图 9-60

插入电子邮件文本域有以下两种方法。

（1）单击"插入"面板"表单"选项卡中的"电子邮件"按钮 ✉，可在文档编辑窗口中添加电子邮件文本域。

（2）选择"插入 > 表单 > 电子邮件"命令，在文档编辑窗口的表单中会出现一个电子邮件文本域。

在"属性"面板中显示了电子邮件文本域的属性，如图 9-61 所示，可根据需要在此设置该电子邮件文本域的各项属性。

图 9-61

2. 插入 URL 文本域

URL 表单元素是专门为输入 URL 而定义的文本框，在验证输入的文本格式时，如果该文本框中的内容不符合 URL 的格式，会提示验证错误。

若要在表单域中插入 URL 文本域，先将光标放在表单轮廓内需要插入 URL 文本域的位置，然后插入 URL 文本域，如图 9-62 所示。

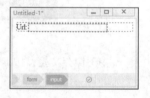

图 9-62

插入 URL 文本域有以下两种方法。

（1）单击"插入"面板"表单"选项卡中的"Url"按钮 ⅄，在文档编辑窗口的表单中会出现一个 URL 文本域。

（2）选择"插入 > 表单 > Url"命令，在文档编辑窗口的表单中会出现一个 URL 文本域。

在"属性"面板中显示了 URL 文本域的属性，如图 9-63 所示，可以根据需要在此设置该 URL 文本域的各项属性。

图 9-63

URL 文本域相关属性的设置与前面介绍的表单元素属性的设置基本相同，这里不再赘述。

3. 插入 Tel 文本域

Tel 表单元素是专门为输入电话号码而定义的文本框，没有特殊的验证规则。若要在表单域中插入 Tel 文本域，先将光标放在表单轮廓内需要插入 Tel 文本域的位置，然后插入 Tel 文本域，如图 9-64 所示。

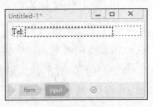

图 9-64

插入 Tel 文本域有以下两种方法。

（1）单击"插入"面板"表单"选项卡中的"Tel"按钮 ，在文档编辑窗口的表单中会出现一个 Tel 文本域。

（2）选择"插入 > 表单 > Tel"命令，在文档编辑窗口的表单中会出现一个 Tel 文本域。

在"属性"面板中显示了 Tel 文本域的属性，如图 9-65 所示，可以根据需要在此设置该 Tel 文本域的各项属性。

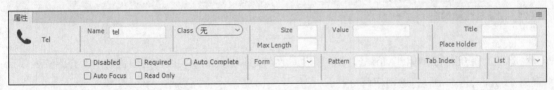

图 9-65

Tel 文本域相关属性的设置与前面介绍的表单元素属性的设置基本相同，这里不再赘述。

4. 插入搜索文本域

搜索表单元素是专门为输入搜索内容而定义的文本框，没有特殊的验证规则。若要在表单域中插入搜索文本域，先将光标放在表单轮廓内需要插入搜索文本域的位置，然后插入搜索文本域，如图 9-66 所示。

插入搜索文本域有以下两种方法。

（1）单击"插入"面板"表单"选项卡中的"搜索"按钮 ，在文档编辑窗口的表单中会出现一个搜索文本域。

（2）选择"插入 > 表单 > 搜索"命令，在文档编辑窗口的表单中会出现一个搜索文本域。

在"属性"面板中显示了搜索文本域的属性，如图 9-67 所示，可以根据需要在此设置该搜索文本域的各项属性。

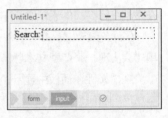

图 9-66

图 9-67

搜索文本域相关属性的设置与前面介绍的表单元素属性的设置基本相同，这里不再赘述。

5. 插入数字文本域

数字表单元素是专门为输入特定的数字而定义的文本框，具有 Min、Max 和 Step 属性，表示允许输入的最小值、最大值和调整步长。若要在表单域中插入数字文本域，先将光标放在表单轮廓内需要插入数字文本域的位置，然后插入数字文本域，如图 9-68 所示。

插入数字文本域有以下两种方法。

（1）单击"插入"面板"表单"选项卡中的"数字"按钮 ，在文档编辑窗口的表单中会出现一个数字文本域。

（2）选择"插入 > 表单 > 数字"命令，在文档编辑窗口的表单中会出现一个数字文本域。

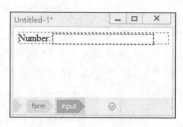

图 9-68

在"属性"面板中显示了数字文本域的属性，如图 9-69 所示，可以根据需要在此设置该数字文本域的各项属性。

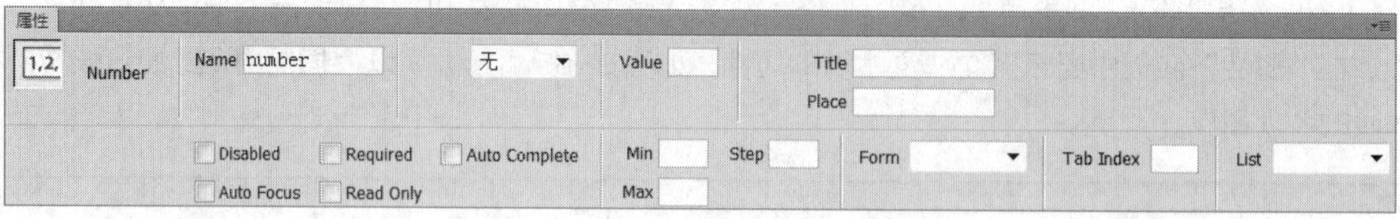

图 9-69

除了上面介绍的 Min、Max、Step 属性，数字文本域其他相关属性的设置与前面介绍的表单元素属性的设置基本相同，这里不再赘述。

6. 插入范围文本域

范围表单元素将输入框显示为滑动条，其作用是作为某一特定范围内的数值选择器。若要在表单域中插入范围文本域，先将光标放在表单轮廓内需要插入范围文本域的位置，然后插入范围文本域，如图 9-70 所示。

插入范围文本域有以下两种方法。

（1）单击"插入"面板"表单"选项卡中的"范围"按钮 ，在文档编辑窗口的表单中会出现一个范围文本域。

（2）选择"插入 > 表单 > 范围"命令，在文档编辑窗口的表单中会出现一个范围文本域。

图 9-70

在"属性"面板中显示了范围文本域的属性，如图 9-71 所示，可以根据需要在此设置该范围文本域的各项属性。

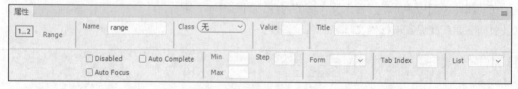

图 9-71

范围文本域相关属性的设置与前面介绍的表单元素属性的设置基本相同，这里不再赘述。

7. 插入颜色

颜色表单元素应用于网页时会默认提供一个颜色选择器，大部分浏览器还不能实现该效果，但在 Chrome、火狐浏览器中可以看到颜色表单元素的效果，如图 9-72 所示。

若要在表单域中插入颜色，先将光标放在表单轮廓内需要插入颜色的位置，然后插入颜色，如图 9-73 所示。

插入颜色有以下两种方法。

（1）单击"插入"面板"表单"选项卡中的"颜色"按钮 ▦，在文档编辑窗口的表单中会出现一个颜色表单元素。

（2）选择"插入 > 表单 > 颜色"命令，在文档编辑窗口的表单中会出现一个颜色表单元素。

在"属性"面板中显示了颜色的属性，如图 9-74 所示，可以根据需要在此设置该颜色的各项属性。

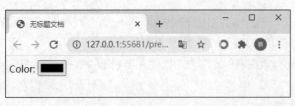

图 9-72

图 9-73

图 9-74

颜色相关属性的设置与前面介绍的表单元素属性的设置基本相同，这里不再赘述。

8. 插入月表单

月表单元素的作用是为用户提供一个月选择器，大部分浏览器还不能实现该效果，但在 Chrome、360、Opera 浏览器中可以看到月表单元素的效果，如图 9-75 所示。

若要在表单域中插入月表单，先将光标放在表单轮廓内需要插入月表单的位置，然后插入月表单，如图 9-76 所示。

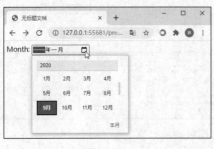

图 9-75

图 9-76

插入月表单有以下两种方法。

（1）单击"插入"面板"表单"选项卡中的"月"按钮 📅，在文档编辑窗口的表单中会出现一个月表单。

（2）选择"插入 > 表单 > 月"命令，在文档编辑窗口的表单中会出现一个月表单。

在"属性"面板中显示了月表单的属性，如图 9-77 所示，可以根据需要在此设置该月表单的各项属性。

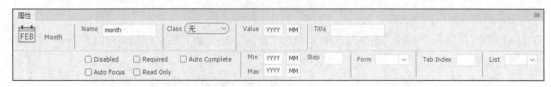

图 9-77

月表单相关属性的设置与前面介绍的表单元素属性的设置基本相同，这里不再赘述。

9. 插入周表单

周表单元素的作用是为用户提供一个周选择器，大部分浏览器还不能实现该效果，但在 Chrome、360、Opera 浏览器中可以看到周表单元素的效果，如图 9-78 所示。

若要在表单域中插入周表单，先将光标放在表单轮廓内需要插入周表单的位置，然后插入周表单，如图 9-79 所示。

图 9-78

图 9-79

插入周表单有以下两种方法。

（1）单击"插入"面板"表单"选项卡中的"周"按钮 🗓，在文档编辑窗口的表单中会出现一个周表单。

（2）选择"插入 > 表单 > 周"命令，在文档编辑窗口的表单中会出现一个周表单。

在"属性"面板中显示了周表单的属性，如图 9-80 所示，可以根据需要在此设置该周表单的各项属性。

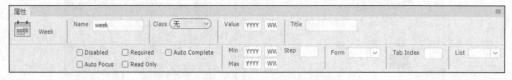

图 9-80

周表单相关属性的设置与前面介绍的表单元素属性的设置基本相同，这里不再赘述。

10. 插入日期表单

日期表单元素的作用是为用户提供一个日期选择器，大部分浏览器还不能实现该效果，但在 Chrome、360、Opera 浏览器中可以看到日期表单元素的效果，如图 9-81 所示。

若要在表单域中插入日期表单，先将光标放在表单轮廓内需要插入日期表单的位置，然后插入日期表单，如图 9-82 所示。

插入日期表单有以下两种方法。

（1）单击"插入"面板"表单"选项卡中的"日期"按钮 📅，在文档编辑窗口的表单中会出现一个日期表单。

（2）选择"插入 > 表单 > 日期"命令，在文档编辑窗口的表单中会出现一个日期表单。

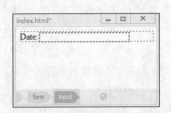

图 9-81   图 9-82

在"属性"面板中显示了日期表单的属性，如图 9-83 所示，可以根据需要在此设置该日期表单的各项属性。

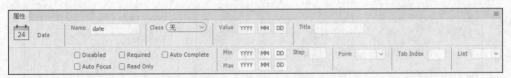

图 9-83

日期表单相关属性的设置与前面介绍的表单元素属性的设置基本相同，这里不再赘述。

11. 插入时间表单

时间表单元素的作用是为用户提供一个时间选择器，大部分浏览器还不能实现该效果，但在 Chrome、360、Opera 浏览器中可以看到时间表单元素的效果，如图 9-84 所示。

若要在表单域中插入时间表单，先将光标放在表单轮廓内需要插入时间表单的位置，然后插入时间表单，如图 9-85 所示。

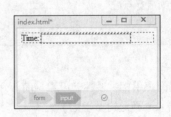

图 9-84   图 9-85

插入时间表单有以下两种方法。

（1）单击"插入"面板"表单"选项卡中的"时间"按钮 🕐，在文档编辑窗口的表单中会出现一个时间表单。

（2）选择"插入 > 表单 > 时间"命令，在文档编辑窗口的表单中会出现一个时间表单。

在"属性"面板中显示了时间表单的属性，如图 9-86 所示，可以根据需要在此设置该时间表单的各项属性。

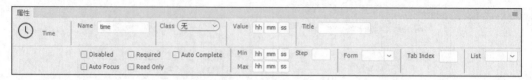

图 9-86

时间表单相关属性的设置与前面介绍的表单元素属性的设置基本相同，这里不再赘述。

12.　**插入日期时间表单**

日期时间表单元素的作用是为用户提供一个完整的日期时间选择器，大部分浏览器还不能实现该效果，但在 Chrome、360、Opera 浏览器中可以看到日期时间表单元素的效果，如图 9-87 所示。

若要在表单域中插入日期时间表单，先将光标放在表单轮廓内需要插入日期时间表单的位置，然后插入日期时间表单，如图 9-88 所示。

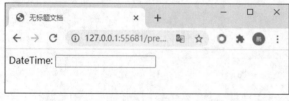

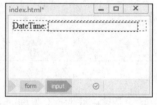

图 9-87　　　　　　　　　　　　　　图 9-88

插入日期时间表单有以下两种方法。

（1）单击"插入"面板"表单"选项卡中的"日期时间"按钮 ，在文档编辑窗口的表单中会出现一个日期时间表单。

（2）选择"插入 > 表单 > 日期时间"命令，在文档编辑窗口的表单中会出现一个日期时间表单。

在"属性"面板中显示了日期时间表单的属性，如图 9-89 所示，可以根据需要在此设置该日期时间表单的各项属性。

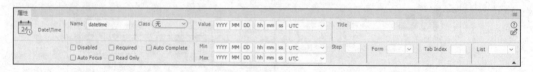

图 9-89

日期时间表单相关属性的设置与前面介绍的表单元素属性的设置基本相同，这里不再赘述。

13.　**插入日期时间（当地）表单**

日期时间（当地）表单元素的作用是为用户提供一个完整的日期时间（不包含时区）选择器，大部分浏览器还不能实现该效果，但在 Chrome、360、Opera 浏览器中可以看到日期时间（当地）表单元素的效果，如图 9-90 所示。

若要在表单域中插入日期时间（当地）表单，先将光标放在表单轮廓内需要插入日期时间（当地）

表单的位置，然后插入日期时间（当地）表单，如图 9-91 所示。

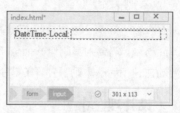

图 9-90   图 9-91

插入日期时间（当地）表单有以下两种方法。

（1）单击"插入"面板"表单"选项卡中的"日期时间（当地）"按钮 📅，在文档编辑窗口的表单中会出现一个日期时间（当地）表单。

（2）选择"插入 > 表单 > 日期时间（当地）"命令，在文档编辑窗口的表单中会出现一个日期时间（当地）表单。

在"属性"面板中显示了日期时间（当地）表单的属性，如图 9-92 所示，可以根据需要在此设置该日期时间（当地）表单的各项属性。

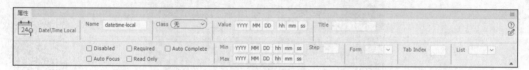

图 9-92

日期时间（当地）表单相关属性的设置与前面介绍的表单元素属性的设置基本相同，这里不再赘述。

9.2.5　【实战演练】——鑫飞越航空网页

使用"日期"按钮插入日期元素。最终效果参看云盘中的"Ch09 > 效果 > 鑫飞越航空网页 > index.html"，如图 9-93 所示。

图 9-93

扫码观看
本案例视频

9.3 品牌商城网页

9.3.1 【案例分析】

傲米商城是一家电商用品零售企业，贩售平整式包装的家具、配件、浴室和厨房用品等。公司近期推出"免单活动"，需要为其制作一个全新的网店首页，要求起到宣传公司活动的作用，能够向客户准确传递活动主题和活动规则，并且能够引起客户参与的欲望。

9.3.2 【设计理念】

网页背景采用红色系进行搭配，给人热闹红火的视觉感受；使用直观醒目的文字来诠释广告内容，表现活动特色；整体色彩清新干净，与宣传的主题相呼应；设计风格简洁大方，给人整洁干练的感觉。最终效果参看云盘中的"Ch09 > 效果 > 品牌商城网页 > index.html"，如图 9-94 所示。

图 9-94

扫码观看
本案例视频

9.3.3 【操作步骤】

（1）选择"文件 > 打开"命令，在弹出的"打开"对话框中，选择云盘中的"Ch09 > 素材 > 品牌商城网页 > index.html"文件，单击"打开"按钮打开文件，如图 9-95 所示。选中图 9-96 所示的图片。

图 9-95

图 9-96

（2）选择"窗口 > 行为"命令，弹出"行为"面板，单击面板中的"添加行为"按钮 ➕，在弹出的下拉列表中选择"交换图像"命令，弹出"交换图像"对话框，如图 9-97 所示。单击"设定原始档为"选项右侧的"浏览"按钮，在弹出的"选择图像源文件"对话框中，选择云盘中的"Ch09 > 素材 > 9.3 品牌商城网页 > images > img_02.jpg"文件，如图 9-98 所示。单击"确定"按钮，返回到"交换图像"对话框中，如图 9-99 所示。单击"确定"按钮，"行为"面板如图 9-100 所示。

图 9-97

图 9-98

图 9-99

图 9-100

（3）保存文档，按 F12 键预览效果，如图 9-101 所示，当鼠标指针经过图像时，图像发生变化，如图 9-102 所示。

图 9-101

图 9-102

9.3.4　【相关工具】

1.“行为”面板

使用“行为”面板为网页元素指定动作和事件方便快捷。在文档编辑窗口中，选择“窗口 > 行为”命令，或按 Shift+F4 组合键，即可弹出“行为”面板，如图 9-103 所示。

图 9-103

“行为”面板由以下几部分组成。

- “添加行为”按钮 +.：单击此按钮，将弹出动作下拉列表，可添加行为。添加行为时，从动作下拉列表中选择一个行为即可。

- “删除事件”按钮 −：在面板中删除所选的事件和动作。

- “增加事件值”按钮 ▲、“降低事件值”按钮 ▼：在面板中通过上、下移动所选择的动作来调整动作的顺序。在“行为”面板中，所有事件和动作按照它们在面板中的显示顺序发生，设计时要根据实际情况调整动作的顺序。

2.应用行为

◎ 将行为附加到网页元素上

（1）在文档编辑窗口中选择一个元素，例如一个图像或一个链接。若要将行为附加到整个页面，则单击文档编辑窗口左下方的标签选择器的 <body> 标签。

（2）选择“窗口 > 行为”命令，弹出“行为”面板。

（3）单击“添加行为”按钮 +，并在弹出的下拉列表中选择一个动作，如图 9-104 所示。选择动作后将弹出相应的参数设置对话框，在其中进行设置后，单击“确定”按钮。

（4）在“行为”面板的“事件”列表中显示了动作的默认事件，单击该事件，会出现箭头按钮 ˇ。单击 ˇ 按钮，会弹出包含全部事件的事件列表，如图 9-105 所示，可根据需要选择相应的事件。

图 9-104

图 9-105

◎ 将行为附加到文本上

将某个行为附加到所选的文本上，具体操作步骤如下。

（1）为文本添加一个空链接。

（2）选择"窗口 > 行为"命令，弹出"行为"面板。

（3）选中链接文本，单击"添加行为"按钮 + ，在弹出的下拉列表中选择一个动作，如"弹出信息"动作，并在弹出的对话框中设置该动作的参数，如图 9-106 所示。

（4）在"行为"面板的"事件"列表中显示了动作的默认事件，单击该事件，会出现箭头按钮 ∨ 。单击 ∨ 按钮，弹出包含全部事件的事件列表，如图 9-107 所示，可根据需要选择相应的事件。

图 9-106

图 9-107

3. 调用 JavaScript

"调用 JavaScript"动作的功能是当发生某个事件时选择自定义函数或 JavaScript 代码行。

使用"调用 JavaScript"动作的具体操作步骤如下。

（1）选择一个网页元素对象，如"刷新"按钮，如图 9-108 所示，弹出"行为"面板。

（2）在"行为"面板中，单击"添加行为"按钮 + ，在弹出的下拉列表中选择"调用 JavaScript"动作，弹出"调用 JavaScript"对话框，如图 9-109 所示。在"JavaScript"文本框中输入 JavaScript 代码或用户想要触发的函数的名称。例如，用户想在单击"刷新"按钮时刷新网页，可以输入"window.location.reload()"；想在单击"关闭"按钮时关闭网页，可以输入"window.close()"。单击"确定"按钮完成设置。

图 9-108

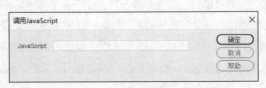

图 9-109

（3）如果不是默认事件，则单击该事件，会出现箭头按钮 ∨ 。单击 ∨ 按钮，弹出包含全部事件的事件列表，用户可根据需要选择相应的事件，如图 9-110 所示。

（4）保存页面，找到文件并用浏览器打开文件。当单击"关闭"按钮时，用户看到的效果如图 9-111 所示。

图 9-110　　　　　　　　　　　　　　　　　　图 9-111

4．打开浏览器窗口

使用"打开浏览器窗口"动作可以在一个新的窗口中打开指定的 URL，还可以指定新窗口的属性、特征和名称，具体操作步骤如下。

（1）打开一个网页文件，选择一张图片，如图 9-112 所示。

（2）弹出"行为"面板，单击"添加行为"按钮 + ，并在弹出的下拉列表中选择"打开浏览器窗口"动作，弹出"打开浏览器窗口"对话框。在对话框中根据需要设置相应的参数，如图 9-113 所示。单击"确定"按钮完成设置。

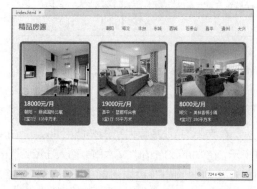

图 9-112　　　　　　　　　　　　　　　　　　图 9-113

对话框中各选项的作用如下。

* "要显示的 URL"选项：必选项，用于设置要显示网页的地址。
* "窗口宽度"和"窗口高度"选项：以像素为单位设置窗口的宽度和高度。
* "属性"选项组：根据需要勾选相应复选框以设定窗口的外观。

"导航工具栏"复选框：设置是否在浏览器顶部显示导航工具栏。导航工具栏包括"后退""前进""主页"和"重新载入"等按钮。

"地址工具栏"复选框：设置是否在浏览器顶部显示地址栏。

"状态栏"复选框：设置是否在浏览器窗口底部显示状态栏，用以显示提示、状态等信息。

"菜单条"复选框：设置是否在浏览器顶部显示菜单，包括"文件"、"编辑"、"查看"、"转到"和"帮助"等菜单项。

"需要时使用滚动条"复选框：设置在浏览器的内容超出可视区域时，是否显示滚动条。

"调整大小手柄"复选框：设置是否能够调整窗口的大小。

"窗口名称"选项：输入新窗口的名称。因为要通过 JavaScript 使用链接指向新窗口或控制新窗口，所以应该对新窗口进行命名。

（3）添加行为时，系统自动为用户选择了事件"onClick"。若需要调整事件，单击该事件，会出现箭头按钮 ˅，单击 ˅ 按钮，选择"onMouseOver"（鼠标指针经过）选项，如图 9-114 所示，"行为"面板中的事件立即改变。

（4）使用相同的方法，为其他图片添加行为。

（5）保存文档，按 F12 键浏览网页，当鼠标指针经过小图片时，会弹出一个窗口，显示大图片，如图 9-115 所示。

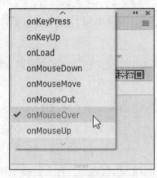

图 9-114

图 9-115

5．转到 URL

"转到 URL"动作的功能是在当前窗口或指定的框架中打开一个新页。此操作尤其适用于通过一次单击操作更改两个或多个框架的内容。

使用"转到 URL"动作的具体操作步骤如下。

（1）选择一个网页元素对象并打开"行为"面板。

（2）单击"添加行为"按钮 ＋，并在弹出的下拉列表中选择"转到 URL"动作，弹出"转到 URL"对话框，如图 9-116 所示。在对话框中根据需要设置相应选项，单击"确定"按钮完成设置。

对话框中各选项的作用如下。

● "打开在"选项：列表自动列出当前框架集中所有框架的名称及主窗口。如果没有任何框架，则主窗口是唯一的选项。

● "URL"选项：单击"浏览"按钮选择要打开的文档，或直接输入网页文件的地址。

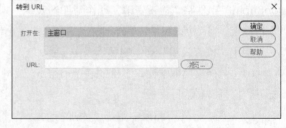

图 9-116

（3）如果不是默认事件，则单击该事件，会出现箭头按钮 ˅。单击 ˅ 按钮，弹出包含全部事件的事件列表，用户可根据需要选择相应的事件。

（4）按 F12 键浏览网页。

6．检查插件

"检查插件"动作的功能是判断用户是否安装了指定的插件，以决定是否将页面转到其他页面。

使用"检查插件"动作的具体操作步骤如下。

（1）选择一个网页元素对象并打开"行为"面板。

（2）在"行为"面板中，单击"添加行为"按钮 **+**，并在弹出的下拉列表中选择"检查插件"动作，弹出"检查插件"对话框，如图 9-117 所示。在对话框中根据需要设置相应选项。单击"确定"按钮完成设置。

图 9-117

对话框中各选项的作用如下。

- "插件"选项组：设置插件对象，包括选择和输入插件名称两种方式。若选择"选择"单选按钮，则从其下拉列表中选择一个插件；若选择"输入"单选按钮，则在其右侧的文本框中输入插件的确切名称。

- "如果有，转到 URL"选项：为具有该插件的浏览者指定一个网页地址。若要让具有该插件的浏览者停留在同一网页上，则将此选项空着。

- "否则，转到 URL"选项：为不具有该插件的浏览者指定一个替代网页地址。若要让具有和不具有该插件的浏览者停留在同一网页上，则将此选项空着。默认情况下，当不能实现检测时，浏览者被发送到"否则，转到 URL"文本框中列出的 URL。

- "如果无法检测，则始终转到第一个 URL"复选框：当不能实现检测时，想让浏览者被发送到"如果有，转到 URL"选项指定的网页，则勾选此复选框。通常，若插件内容对于用户的网页而言是不必要的，则保留此复选框的未勾选状态。

（3）如果不是默认事件，则单击该事件，会出现箭头按钮 ⌄。单击 ⌄ 按钮，弹出包含全部事件的事件列表，用户可根据需要选择相应的事件。

（4）按 F12 键浏览网页。

7. 检查表单

"检查表单"动作的功能是检查指定文本域的内容以确保用户输入了正确的数据类型。若使用 onBlur 事件将"检查表单"动作分别附加到各文本域，则在用户填写表单时对域进行检查；若使用 onSubmit 事件将"检查表单"动作附加到表单，则在用户单击"提交"按钮时，同时对多个文本域进行检查。将"检查表单"动作附加到表单，能防止将表单中指定文本域内的无效数据提交到服务器。

使用"检查表单"动作的具体操作步骤如下。

（1）选择文档编辑窗口下部的表单<form>标签，打开"行为"面板。

（2）在"行为"面板中单击"添加行为"按钮 **+**，并在弹出的下拉列表中选择"检查表单"动作，弹出"检查表单"对话框，如图 9-118 所示。

对话框中各选项的作用如下。

- "域"选项：在列表框中选择表单内需要进行检查的其他对象。

- "值"选项：设置在"域"选项中选择

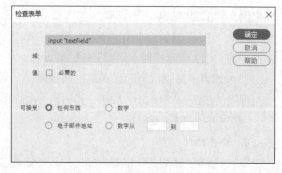

图 9-118

的表单对象的值是否在用户浏览表单时必须设置。

- "可接受"选项组：设置"域"选项中选择的表单对象允许接收的值。

"任何东西"单选按钮：设置检查的表单对象中可以包含任何特定类型的数据。

"电子邮件地址"单选按钮：设置检查的表单对象中可以包含一个"@"符号。

"数字"单选按钮：设置检查的表单对象中只包含数字。

"数字从…到…"单选按钮：设置检查的表单对象中只包含特定范围内的数字。

在对话框中根据需要设置相应选项，先在"域"选项中选择要检查的表单对象，然后在"值"选项中设置是否必须检查该表单对象，再在"可接受"选项组中设置表单对象允许接收的值，最后单击"确定"按钮完成设置。

（3）如果不是默认事件，则单击该事件，会出现箭头按钮 ∨ 。单击 ∨ 按钮，弹出包含全部事件的事件列表，用户可根据需要选择相应的事件。

（4）按 F12 键浏览网页。

在浏览者提交表单时，如果要检查多个表单对象，则 onSubmit 事件自动出现在"行为"面板控制的"事件"列表中。如果要分别检查各个表单对象，则检查默认事件是否是 onBlur 或 onChange 事件。当浏览者从要检查的表单对象上移开鼠标指针时，这两个事件都触发"检查表单"动作。它们之间的区别是 onBlur 事件不管浏览者是否在该表单对象中输入内容都会发生，而 onChange 事件只有在浏览者更改了该表单对象的内容时才发生。当表单对象是必须检查的表单对象时，最好使用 onBlur 事件。

8. 交换图像

"交换图像"动作通过更改<img>标签的 src 属性将一个图像和另一个图像进行交换。"交换图像"动作主要用于创建当鼠标指针经过时产生动态变化的按钮。

使用"交换图像"动作的具体操作步骤如下。

（1）若文档中没有图像，则选择"插入 > Image"命令，或单击"插入"面板"HTML"选项卡中的"Image"按钮 ▣ 来插入一个图像。

（2）选择一个初始的图像对象，并打开"行为"面板。

（3）在"行为"面板中单击"添加行为"按钮 ＋ ，并在弹出的下拉列表中选择"交换图像"动作，弹出"交换图像"对话框，如图 9-119 所示。

对话框中各选项的作用如下。

- "图像"选项：选择要更改的初始图像。
- "设定原始档为"选项：输入新图像的路径和文件名或单击"浏览"按钮选择新图像文件。
- "预先载入图像"复选框：设置是否在载入网页时将新图像载入浏览器的缓存中。若勾选此复选框，则可防止由于加载而导致的图像延迟。
- "鼠标滑开时恢复图像"复选框：设置

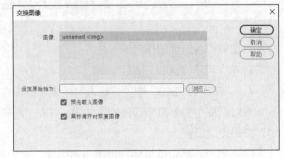

图 9-119

是否在鼠标指针滑开时恢复图像。若勾选此复选框，则会自动添加"恢复交换图像"动作，将最后一组交换的图像恢复为初始文件，这样就会出现连续的动态效果。

（4）根据需要从"图像"列表框中选择初始图像；在"设定原始档为"文本框中输入新图像的路径和文件名或单击"浏览"按钮选择新图像文件；勾选"预先载入图像"和"鼠标滑开时恢复图像"复选框，然后单击"确定"按钮完成设置。

（5）如果不是默认事件，则单击该事件，会出现箭头按钮 ∨。单击 ∨ 按钮，弹出包含全部事件的事件列表，可根据需要选择相应的事件。

（6）按 F12 键浏览网页。

 提 示　　因为只有 src 属性受此动作的影响，所以用户应该换入一个与原图像具有相同高度和宽度的图像。否则，换入的图像显示时会被压缩或拉伸，以使其适应原图像的尺寸。

9. 设置容器的文本

"设置容器的文本"动作的功能是用指定的内容替换网页上现有层的内容和格式，该内容可以包括任何有效的 HTML 源代码。

虽然"设置容器的文本"将替换层的内容和格式，但会保留层的属性，包括颜色。通过在"设置容器的文本"对话框的"新建 HTML"文本框中加入 HTML 标签，可对层的内容进行格式设置。

使用"设置容器的文本"动作的具体操作步骤如下。

（1）单击"插入"面板"HTML"选项卡中的"Div"按钮 回，在文档编辑窗口中生成一个 div 容器。选中窗口中的 div 容器，在"属性"面板的"Div ID"文本框中输入一个名称。

（2）在文档编辑窗口中选择一个对象，如文字、图像、按钮等，并打开"行为"面板。

（3）在"行为"面板中，单击"添加行为"按钮 ＋，并在弹出的下拉列表中选择"设置文本 > 设置容器的文本"选项，弹出"设置容器的文本"对话框，如图 9-120 所示。

图 9-120

对话框中各选项的作用如下。

- "容器"选项：选择目标层。
- "新建 HTML"选项：输入层内显示的消息或相应的 JavaScript 代码。

在对话框中根据需要选择相应的层，并在"新建 HTML"选项中输入层内显示的消息。单击"确定"按钮完成设置。

（4）如果不是默认事件，则单击该事件，会出现箭头按钮 ∨。单击 ∨ 按钮，弹出包含全部事件的事件列表，用户可根据需要选择相应的事件。

（5）按 F12 键浏览网页。

10．设置状态栏文本

"设置状态栏文本"动作的功能是设置在浏览器窗口底部左侧的状态栏中显示的消息。访问者常常会忽略或注意不到状态栏中的消息，如果消息非常重要，还是应考虑将其显示为弹出式消息或层文本。可以在状态栏文本中嵌入任何有效的 JavaScript 函数调用、属性、全局变量或其他表达式。若要嵌入一个 JavaScript 表达式，需将其放置在大括号中。

使用"设置状态栏文本"动作的具体操作步骤如下。

（1）选择一个对象，如文字、图像、按钮等，并打开"行为"面板。

（2）在"行为"面板中单击"添加行为"按钮 ＋ ，并在弹出的下拉列表中选择"设置文本 > 设置状态栏文本"选项，弹出"设置状态栏文本"对话框，如图 9-121 所示。对话框中只有一个"消息"文本框，用于输入要在状态栏中显示的消息。消息要简明扼要，否则浏览器将把溢出的消息截断。在对话框中根据需要输入状态栏消息或相应的 JavaScript 代码，单击"确定"按钮完成设置。

（3）如果不是默认事件，在"行为"面板中单击该动作前的事件列表，选择相应的事件。

（4）按 F12 键浏览网页。

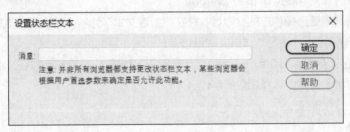

图 9-121

11．设置文本域文字

"设置文本域文字"动作的功能是用指定的内容替换表单文本域的内容。可以在文本中嵌入任何有效的 JavaScript 函数调用、属性、全局变量或其他表达式。若要嵌入一个 JavaScript 表达式，应将其放置在大括号中；若要显示大括号，在大括号前面加一个反斜杠（\）。

使用"设置文本域文字"动作的具体操作步骤如下。

（1）若文档中没有"文本域"对象，则要创建文本域并命名。先选择"插入 > 表单 > 文本区域"命令，在页面中创建文本区域。然后在"属性"面板的"Name"文本框中输入该文本域的名称，并使该名称在网页中是唯一的，如图 9-122 所示。

图 9-122

（2）选择文本域并打开"行为"面板。

（3）在"行为"面板中单击"添加行为"按钮 ＋ ，并在弹出的下拉列表中选择"设置文本 > 设置文本域文字"选项，弹出"设置文本域文字"对话框，如图 9-123 所示。

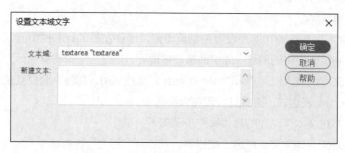

图 9-123

对话框中各选项的作用如下。

- “文本域”选项：选择目标文本域。

- “新建文本”选项：输入要替换的文本信息或相应的 JavaScript 代码。如要在表单文本域中显示网页的地址和当前日期，则在“新建文本”选项中输入“The URL for this page is {window.location}, and today is {new Date()}.”。

在对话框中根据需要选择相应的文本域，并在“新建文本”选项中输入要替换的文本信息或相应的 JavaScript 代码，单击“确定”按钮完成设置。

（4）如果不是默认事件，则单击该事件，会出现箭头按钮 ⌄，单击 ⌄ 按钮，弹出包含全部事件的事件列表，用户可根据需要选择相应的事件。

（5）按 F12 键浏览网页。

12. 跳转菜单

跳转菜单的作用类似超链接，与真正的超链接相比，跳转菜单更加灵活。跳转菜单从表单中的菜单发展而来，通过“行为”面板中的“跳转菜单”选项进行添加。

使用“跳转菜单”动作的具体操作步骤如下。

（1）新建一个空白页面，并将其保存在适当的位置。单击“插入”面板“表单”选项卡中的“表单”按钮 ▤，在页面中插入一个表单，如图 9-124 所示。

（2）单击“插入”面板“表单”选项卡中的“选择”按钮 ▤，在表单中插入一个下拉列表，如图 9-125 所示。选中英文“Select:”并将其删除，效果如图 9-126 所示。

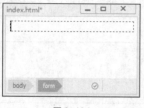

图 9-124

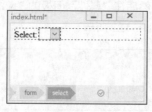

图 9-125

图 9-126

（3）在页面中选择下拉列表，打开“行为”面板，单击“添加行为”按钮 ＋，并在弹出的下拉列表中选择“跳转菜单”选项，弹出“跳转菜单”对话框，如图 9-127 所示。

图 9-127

对话框中各选项的作用如下。

- "添加项"按钮 ✚ 和"移除项"按钮 ━ ：添加或删除菜单项。
- "在列表中下移项"按钮 ▼ 和"在列表中上移项"按钮 ▲ ：在菜单项列表中移动当前菜单项，设置该菜单项在菜单中的位置。
- "菜单项"选项：显示所有菜单项。
- "文本"选项：设置当前菜单项的显示文字，它会出现在跳转菜单中。
- "选择时，转到 URL"选项：为当前菜单项设置当浏览者单击它时要打开的网页地址。
- "打开 URL 于"选项：设置打开浏览网页的窗口类型，包括"主窗口"和"框架"两个选项。"主窗口"选项表示在同一个窗口中打开文件；"框架"选项表示在所选中的框架中打开文件，但选择该选项前应先给框架命名。
- "更改 URL 后选择第一个项目"复选框：设置浏览者通过跳转菜单打开网页后，该菜单项是否是第 1 个菜单项目。

在对话框中根据需要更改和重新排列菜单项、更改要跳转到的文件及更改打开这些文件的窗口，然后单击"确定"按钮完成设置。

（4）如果不是默认事件，则单击该事件，会出现箭头按钮 ⌄ 。单击 ⌄ 按钮，弹出包含全部事件的事件列表，用户可根据需要选择相应的事件。

（5）按 F12 键浏览网页。

13. 跳转菜单开始

"跳转菜单开始"动作与"跳转菜单"动作密切关联。"跳转菜单开始"将一个"前往"按钮和一个"跳转菜单"关联起来，单击"前往"按钮则打开在该"跳转菜单"中选择的链接。通常情况下，"跳转菜单"不需要"前往"按钮。但是如果"跳转菜单"出现在一个框架中，而"跳转菜单"项链接到其他框架中的页面，则通常需要使用"前往"按钮，从而实现访问者重新选择"跳转菜单"中的已选项。

使用"跳转菜单开始"动作的具体操作步骤如下。

（1）打开"12. 跳转菜单"中制作好的案例效果，如图 9-128 所示。选中下拉列表，在"属性"面板中单击"列表值"按钮，弹出"列表值"对话框，单击"添加项目"按钮 ✚ ，再添加一个项目，如图 9-129 所示。单击"确定"按钮，完成列表值的修改。

（2）将光标置于列表菜单的右侧，单击"插入"面板"表单"选项卡中的"按钮" ⬭，在表单中插入一个按钮，保持按钮的选取状态，在"属性"面板中，将"Value"选项设为"前往"，效果如图 9-130 所示。

图 9-128

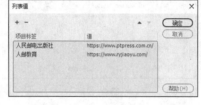

图 9-129

图 9-130

（3）选中按钮，在"行为"面板中单击"添加行为"按钮 ➕，并在弹出的菜单中选择"跳转菜单开始"命令，弹出"跳转菜单开始"对话框，如图 9-131 所示。在"选择跳转菜单"下拉列表中，选择"前往"按钮要激活的菜单。单击"确定"按钮完成设置。

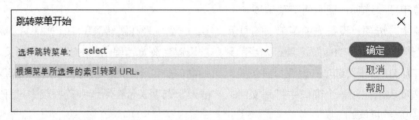

图 9-131

（4）如果不是默认事件，则单击该事件，会出现箭头按钮 ⌄。单击 ⌄ 按钮，弹出包含全部事件的事件列表，用户可根据需要选择相应的事件。

（5）按 F12 键浏览网页，如图 9-132 所示。单击"前往"按钮，跳转到相应的页面，效果如图 9-133 所示。

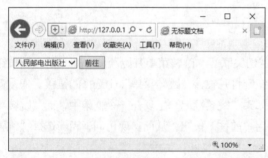

图 9-132

图 9-133

9.3.5 【实战演练】——婚戒网页

使用"打开浏览器窗口"命令制作在网页中显示指定大小和属性的弹出窗口。最终效果参看云盘中的"Ch09 > 效果 > 婚戒网页 > index.html"，如图 9-134 所示。

扫码观看
本案例视频

图 9-134

9.4 综合演练——智能扫地机器人网页

9.4.1 【案例分析】

扫地机器人网是一个为用户提供各类有关扫地机器人高品质服务的网站，包括产品推荐、技术支持、购买渠道等多项服务。现要为网站设计新的页面，网页设计要求带给浏览者简洁明了、易于识别的观感。

9.4.2 【设计理念】

网页背景采用实景照片，使画面看起来干净清爽；产品与背景的搭配，使页面看起来活泼轻松；用户注册界面设计简洁，操作简单；整体设计简洁清晰，让人一目了然，增强了网站的吸引力。

9.4.3 【知识要点】

使用"表单"按钮插入表单；使用"Table"按钮插入表格，进行页面布局；使用"图像按钮"按钮插入图像按钮；使用"复选框"按钮插入复选框；使用"文本"按钮插入单行文本域；使用"Tel"按钮插入 Tel 文本域。最终效果参看云盘中的"Ch09 > 效果 > 智能扫地机器人网页 > index.html"，如图 9-135 所示。

扫码观看
本案例视频

图 9-135

9.5　综合演练——开心烘焙网页

9.5.1　【案例分析】

　　开心烘焙是一家连锁面包坊。店铺选用来自不同源产地的优质原料，精心烹饪各种口味的面包。现要为其设计制作网页，网页设计要求简单直观，使人印象深刻。

9.5.2　【设计理念】

　　浅色的背景将导航栏和品牌名称突显出来，给人清晰明快的印象，具有较强的宣传性；页面中心的面包图片清晰诱人，能够充分引起浏览者的兴趣；便签形式的文字设计独具匠心。

9.5.3　【知识要点】

　　使用"交换图像"命令，制作鼠标指针经过图像发生变化效果。最终效果参看云盘中的"Ch09 > 效果 > 开心烘焙网页 > index.html"，如图 9-136 所示。

扫码观看
本案例视频

图 9-136

10

第 10 章
网页代码

Dreamweaver CC 2019 提供了代码编辑工具，方便网页制作者直接编写或修改代码，实现网页的细节设计。在 Dreamweaver CC 2019 中插入的网页内容及动作都会自动转换为代码，因此，只有了解了源代码，才能真正懂得网页的内涵。

课堂学习要点

✔ 网页代码
✔ 常用的 HTML 标签
✔ 脚本语言
✔ 响应 HTML 事件

10.1 品质狂欢节网页

10.1.1 【案例分析】

扫码观看
本案例视频

尚怡商城是一家专业的综合网上购物商城，商品涵盖家电、手机、服装、家具等，在双十一来临之际举办促销活动，需设计以"品质狂欢节"为主题的网站首页，要求内容表现出网站多样的优惠活动和优惠力度。

10.1.2 【设计理念】

页面背景使用橙色渐变色，使画面看起来热情洋溢，能够激起用户观看的欲望；标题文字的设计简单且具有特色，拥有很高的辨识度；整个网页设计清晰明确，观看方便。最终效果参看云盘中的"Ch10 > 效果 > 品质狂欢节网页 > index.html"，如图 10-1 所示。

图 10-1

10.1.3 【操作步骤】

（1）打开 Dreamweaver CC 2019 后，新建一个空白文档。新建文档的初始名称为"Untitled-1"。选择"文件 > 保存"命令，弹出"另存为"对话框。在"保存在"下拉列表中选择当前站点目录保存路径，在"文件名"文本框中输入"index"，单击"保存"按钮，返回文档编辑窗口。

（2）选择"文件 > 页面属性"命令，弹出"页面属性"对话框。在左侧的"分类"列表框中选择"外观（CSS）"选项，将"左边距"、"右边距"、"上边距"和"下边距"均设为 0 px，如图 10-2 所示；在左侧的"分类"列表框中选择"标题/编码"选项，在"标题"文本框中输入"品质狂欢节网页"，如图 10-3 所示。单击"确定"按钮，完成页面属性的修改。

图 10-2

图 10-3

（3）单击"文档"工具栏中的"拆分"按钮 拆分 ，进入"拆分"视图。将光标置于<body>标签后面，按 Enter 键，将光标切换到下一行，如图 10-4 所示。单击"插入"面板"HTML"选项卡中的"IFRAME"按钮 回 ，在光标所在的位置自动生成代码，如图 10-5 所示。

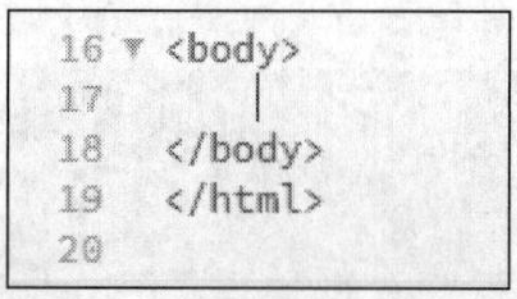

```
16 ▼ <body>
17        |
18   </body>
19   </html>
20
```

图 10-4

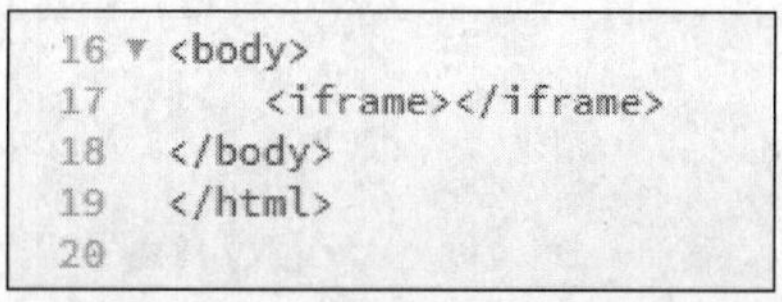

```
16 ▼ <body>
17        <iframe></iframe>
18   </body>
19   </html>
20
```

图 10-5

（4）将光标置于<iframe>标签中，按一次 Space 键，标签列表中出现该标签的属性参数，在其中选择属性"src"，如图 10-6 所示，出现"浏览…"属性，如图 10-7 所示。单击"浏览…"属性，在弹出的"选择文件"对话框中，选择云盘中的"Ch10 > 素材 > 10.1 品质狂欢节网页 > 01.html"文件，如图 10-8 所示。单击"确定"按钮，返回到文档编辑窗口，代码如图 10-9 所示。

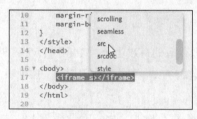

图 10-6

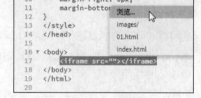

图 10-7

图 10-8

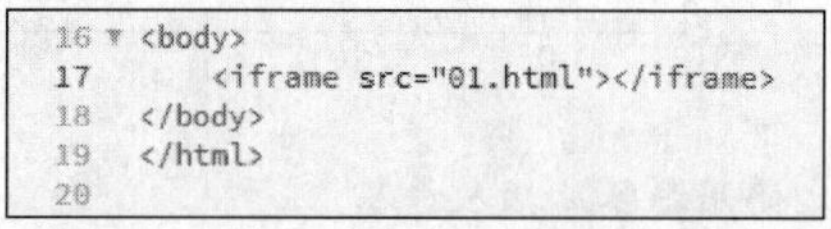

```
16 ▼ <body>
17        <iframe src="01.html"></iframe>
18   </body>
19   </html>
20
```

图 10-9

（5）在<iframe>标签中添加其他属性，如图 10-10 所示。

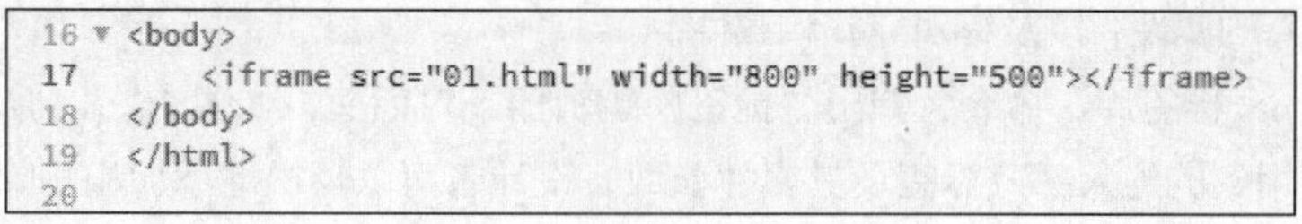

```
16 ▼ <body>
17        <iframe src="01.html" width="800" height="500"></iframe>
18   </body>
19   </html>
20
```

图 10-10

（6）单击"文档"工具栏中的"设计"按钮 设计 ，返回"设计"视图，效果如图 10-11 所示。保存文档，按 F12 键预览效果，如图 10-12 所示。

图 10-11 图 10-12

10.1.4 【相关工具】

1. 代码提示功能

代码提示是网页制作者在代码窗口中编写或修改代码的有效功能。只要在"代码"视图的相应标签中按 < 或 Space 键，即会出现关于该标签常用属性、方法、事件的代码提示下拉列表，如图 10-13 所示。

在标签检查器中不能列出所有参数，如 onResize 等，但在代码提示列表中可以一一列出。因此，代码提示是网页制作者编写或修改代码的一个方便又有效的功能。

图 10-13

2. 使用标签库插入标签

在 Dreamweaver CC 2019 的标签库中有一组特定类型的标签，其中还包含 Dreamweaver CC 2019 应如何设置标签格式的信息。标签库提供了 Dreamweaver CC 2019 用于代码提示、目标浏览器检查、标签选择和其他代码功能的标签信息。使用标签库编辑器，可以添加和删除标签库、标签和属性，设置标签库的属性，以及编辑标签和属性。

选择"工具 > 标签库"命令，弹出"标签库编辑器"对话框，如图 10-14 所示。标签库中列出了各种语言所用到的绝大部分标签及其属性参数，设计者可以轻松地添加和删除标签库、标签和属性。

◎ 新建标签库

打开"标签库编辑器"对话框，单击"标签"后面的"添加标签"按钮 ，在弹出的下拉列表中选择"新建标签库"选项，弹出"新建标签库"对话框，在"库名称"文本框中输入一个名称，如图 10-15 所示，单击"确定"按钮完成设置。

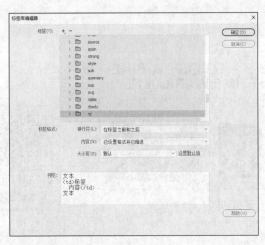

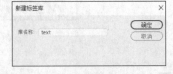

图 10-14   图 10-15

◎ 新建标签

打开"标签库编辑器"对话框，单击"添加标签"按钮 ➕，在弹出的下拉列表中选择"新建标签"选项，弹出"新建标签"对话框，如图 10-16 所示。先在"标签库"下拉列表中选择一个标签库，然后在"标签名称"文本框中输入新标签的名称。若要添加多个标签，则输入这些标签的名称，各名称间以英文逗号和空格来分隔，如"First Tags, Second Tags"。如果新的标签具有相应的结束标签（</…>），则勾选"具有匹配的结束标签"复选框。最后单击"确定"按钮完成设置。

◎ 新建属性

"新建属性"命令可为标签库中的标签添加新的属性。打开"标签库编辑器"对话框，单击"添加标签"按钮 ➕，在弹出的下拉列表中选择"新建属性"选项，弹出"新建属性"对话框，如图 10-17 所示。一般情况下，在"标签库"下拉列表中选择一个标签库，在"标签"下拉列表中选择一个标签，在"属性名称"文本框中输入新属性的名称。若要添加多个属性，则输入这些属性的名称，各名称间以英文逗号和空格来分隔，如"width, height"。最后单击"确定"按钮完成设置。

图 10-16   图 10-17

◎ 删除标签库、标签或属性

打开"标签库编辑器"对话框。先在"标签"列表框中选择一个标签库、标签或属性，再单击"移除标签"按钮 ➖，则可将选中的项从"标签"列表框中删除。

10.1.5 【实战演练】——自行车网页

使用"页面属性"命令改变页面的边距和标题，使用"IFRAME"按钮制作浮动框架效果。最终效果参看云盘中的"Ch10 > 效果 > 自行车网页 > index.html"，如图 10-18 所示。

扫码观看
本案例视频

图 10-18

10.2　土特产网页

10.2.1　【案例分析】

　　土特产是一个专门汇集各地特色，方便用户购买的网站，现需要为其设计制作网站首页，要求体现出网站的丰富性和特色。

10.2.2　【设计理念】

　　将各地特产作为网页展示的主题；整体色调优雅舒适，页面排版整齐，没有过多的修饰；通过朴实的网页形式让浏览者着重注意网页主题。最终效果参看云盘中的"Ch10 ＞ 效果 ＞ 土特产网页 ＞ index.html"，如图 10-19 所示。

扫码观看
本案例视频

图 10-19

10.2.3 【操作步骤】

1. 制作浏览器窗口始终不出现滚动条

（1）选择"文件 > 打开"命令，在弹出的"打开"对话框中，选择云盘中的"Ch10 > 素材 > 土特产网页 > index.html"文件，单击"打开"按钮打开文件，如图 10-20 所示。

（2）单击文档编辑窗口左上方的"代码"按钮 代码，切换至"代码"视图，在标签 < body > 中置入光标，按 Space 键，如图 10-21 所示。输入代码 style= "overflow-x:hidden; overflow-y:hidden"，如图 10-22 所示。

图 10-20

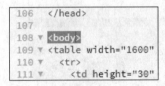

图 10-21

图 10-22

（3）保存文档，按 F12 键预览效果，如图 10-23 所示。

添加代码前   添加代码后

图 10-23

2.制作禁止使用单击鼠标右键

（1）返回 Dreamweaver 文档编辑窗口，切换至"代码"视图，在<head>和 </head>之间输入以下代码：

```
<script language=javascript>
function click() {
}
function click1() {
if (event.button==2) {
alert('禁止使用单击鼠标右键！') }}
function CtrlKeyDown(){
if (event.ctrlKey) {
alert('不当的复制将损害您的系统！') }}
document.onkeydown=CtrlKeyDown;
document.onselectstart=click;
document.onmousedown=click1;
</script>
```

代码视图如图 10-24 所示。

（2）保存文档，按 F12 键预览效果。单击鼠标右键，弹出提示对话框，如图 10-25 所示，提示"禁止使用单击鼠标右键！"。

```
105      </style>
106 ▼   <script language=javascript>
107     function click() {
108     }
109 ▼   function click1() {
110     if (event.button==2) {
111     alert('禁止使用单击鼠标右键！') }}
112 ▼   function CtrlKeyDown(){
113     if (event.ctrlKey) {
114     alert('不当的复制将损害您的系统！') }}
115     document.onkeydown=CtrlKeyDown;
116     document.onselectstart=click;
117     document.onmousedown=click1;
118     </script>
119     </head>
```

图 10-24　　　　　　　　　　　　　　图 10-25

10.2.4 【相关工具】

1.常用的 HTML 标签

HTML 是一种超文本标记语言，HTML 文件是被网络浏览器读取并产生网页的文件。常用的 HTML 标签有以下几种。

◎ 文件结构标签

文件结构标签包含<html>、<head>、<title>、<body>等。<html>标签用于标记页面的开始，它由文档头部分和文档体部分组成。浏览时只有文档体部分会被显示。<head>标签用于标记网页的开头部分，开头部分用以存储重要信息，如注释、meta、标题等。<title>标签用于标记页面的标题，浏览时在浏览器的标题栏上显示。<body>标签用于标记网页的文档体部分。

◎ 排版标签

在网页中有 4 种段落对齐方式：左对齐、右对齐、居中对齐和两端对齐。在 HTML 中，可以使用 align 属性来设置段落的对齐方式。

align 属性可以应用于多种标签，例如分段标签<p>、标题标签<hn>及水平线标签<hr>等。align 属性的取值可以是 left（左对齐）、center（居中对齐）、right（右对齐）及 justify（两端对齐）。两端对齐是指将一行中的文本在排满的情况下向左右两个页边对齐，以避免在左右页边出现锯齿状。

对于不同的标签，align 属性的默认值是不同的。对于分段标签和各个标题标签，align 属性的默认值为 left；对于水平线标签<hr>，align 属性的默认值为 center。若要将文档中的多个段落设置成相同的对齐方式，可将这些段落置于<div>和</div>标签之间组成一个节，并使用 align 属性来设置该节的对齐方式。如果要将部分文档内容设置为居中对齐，也可以将这部分内容置于<center>和</center>标签之间。

◎ 列表标签

列表分为无序列表和有序列表两种。<li>标签标记无序列表，如项目符号；<ol>标签标记有序列表，如标号。

◎ 表格标签

表格标签包括表格标签<table>、表格标题标签<caption>、表格行标签<tr>、表格字段名标签<th>、列标签<td>等。

◎ 框架

框架将浏览器上的视窗分成不同区域，在每个区域中都可以独立显示一个网页。框架通过一个或多个<frameset>和<frame>标签来定义。框架集包含如何组织各个框架的信息，可以通过<frameset>标签来定义。<frameset>标签置于<head>标签之后，以取代<body>的位置。还可以使用<noframes>标签给出框架不能显示时的替换内容。<frameset>标签中包含多个<frame>标签，用以设置框架的属性。

◎ 图形标签

图形的标签为<img>，其常用参数是 src 和 alt 属性，用于设置图像的位置和替换文本。src 属性给出图像文件的 URL，图像可以是 JPEG 文件、GIF 文件或 PNG 文件。alt 属性给出图像的简单文本说明，这段说明在浏览器不能显示图像时显示出来，或图像加载时间过长时先显示出来。

<img>标签不仅用于在网页中插入图像，也可以用于播放基于 Video for Windows（VFW）框架的多媒体文件（.avi 格式的文件）。若要在网页中播放多媒体文件，应在<img>标签中设置 dynsrc、start、loop、controls 和 loopdelay 属性。

例如，将影片循环播放 3 次，中间延时 250 ms，标签代码如下：

```
<img src="SAMPLE-S.GIF" dynsrc="SAMPLE-S.AVI" loop=3 loopdelay=250>
```

再如，在鼠标指针移到 AVI 播放区域之上时才开始播放 SAMPLE-S.AVI 影片，标签代码如下：

```
<img src="SAMPLE-S.GIF" dynsrc="SAMPLE-S.AVI" start=mouseover>
```

◎ 链接标签

链接标签为<a>，其常用属性参数有：href 标记目标端点的 URL、target 显示链接文件的一个窗口或框架、title 显示链接文件的标题文字。

◎ 表单标签

表单标签为<form>，它在 HTML 页面中起着重要作用，它是网页制作者与访问者交互信息的主要手段。使用表单标签生成的表单至少应该包括说明性文字、供访问者填写的表格、"提交"和"重置"按钮等内容。访问者填写了所需的资料之后，单击"提交"按钮，所填资料就会通过专门的 CGI 传到 Web 服务器上；网页制作者随后就能在 Web 服务器上看到用户填写的资料。

表单中主要包括这些元素：普通按钮、单选按钮、复选框、下拉列表、单行/多行文本域、"提交"按钮、"重置"按钮。

◎ 滚动标签

滚动标签是<marquee>，它会让指定文字和图像滚动，形成滚动字幕的效果。

◎ 载入网页背景音乐标签

载入网页背景音乐的标签是<bgsound>，它可设定页面载入时的背景音乐。

2. 脚本语言

脚本是一个包含源代码的文件，一次只有一行被解释或翻译成为机器语言。在脚本处理过程中，系统翻译每个代码行，并一次选择一行代码，直到脚本中所有代码都被处理完成。Web 应用程序经常使用客户端脚本及服务器端脚本，此处讨论的是客户端脚本。

用脚本创建的应用程序有代码行数的限制，一般应小于 100 行。因此脚本程序较小，一般用"记事本"或在 Dreamweaver CC 2019 的"代码"视图中编辑创建。

使用脚本语言主要有两个原因，一是创建脚本比创建编译程序快，二是用户可以使用文本编辑器快速、容易地修改脚本。而修改编译程序必须有程序的源代码，而且修改了源代码以后，必须重新编译它，所有这些使得修改编译程序比脚本更加复杂且耗时。

脚本语言主要包含接收用户数据、处理数据和显示输出结果数据 3 部分语句。计算机中最基本的操作是输入和输出，Dreamweaver CC 2019 也提供了输入和输出函数。InputBox 函数是实现输入效果的函数，它会弹出一个对话框来接收浏览者输入的信息；MsgBox 函数是实现输出效果的函数，它会弹出一个对话框显示输出信息。

有的操作要在一定条件下才能执行，这要用条件语句实现；对于需要重复执行的操作，应该使用循环语句实现。

3. 调用事件过程

前面已经介绍了基本的事件及其触发条件，现在讨论在代码中调用事件过程的方法。调用事件过程有 3 种方法，下面以单击按钮弹出欢迎对话框为例进行介绍。

◎ 通过名称调用事件过程

```
<HTML>
<HEAD>
<TITLE>事件过程调用的实例</TITLE>
    <SCRIPT LANGUAGE=VBScript>
        <!--
        sub bt1_onClick()
          msgbox "欢迎使用代码实现浏览器的动态效果！"
        end sub
        -->
    </SCRIPT>
```

```
</HEAD>
<BODY>
    <INPUT name=bt1 type="button" value="单击这里">
</BODY>
</HTML>
```

◎ 通过 for/event 属性调用事件过程

```
<HTML>
<HEAD>
<TITLE>事件过程调用的实例</TITLE>
        <SCRIPT LANGUAGE=VBScript for="bt1" event="onclick">
        <!--
          msgbox "欢迎使用代码实现浏览器的动态效果！"
        -->
    </SCRIPT>
</HEAD>
<BODY>
    <INPUT name=bt1 type="button" value="单击这里">
</BODY>
</HTML>
```

◎ 通过控件属性调用事件过程

```
<HTML>
<HEAD>
<TITLE>事件过程调用的实例</TITLE>
    <SCRIPT LANGUAGE=VBScript >
        <!--
        sub msg()
            msgbox "欢迎使用代码实现浏览器的动态效果！"
        end sub
    -->
</SCRIPT>
</HEAD>
<BODY>
    <INPUT name=bt1 type="button" value="单击这里" onclick="msg">
</BODY>
</HTML>
<HTML>
<HEAD>
<TITLE>事件过程调用的实例</TITLE>
</HEAD>
<BODY>
    <INPUT name=bt1 type="button" value="单击这里" onclick='msgbox "欢迎使用代码实现浏览
器的动态效果！"' language="VBScript">
</BODY>
</HTML>
```

10.2.5 【实战演练】——男士服装网页

使用"页面属性"命令设置网页背景颜色及边距；使用输入代码的方式设置图片与文字的对齐方
式；使用"CSS 设计器"面板设置文字大小、行距及表格边框效果。最终效果参看云盘中的"Ch10 >
效果 > 男士服装网页 > index.html"，如图 10-26 所示。

扫码观看
本案例视频 1

扫码观看
本案例视频 2

扫码观看
本案例视频 3

图 10-26

10.3　综合演练——商业公司网页

10.3.1　【案例分析】

　　商务在线是依托网络进行生产和营销等商务活动的网站。该网站利用电子信息技术来扩大宣传、降低成本，其业务包括网站策划、域名注册、主机服务等。本案例为商务在线设计制作网页，目的是进行宣传、吸引更多的消费者。在网页设计中要体现出商务在线网站的实用性和完整性。

10.3.2　【设计理念】

　　网页使用蓝色的渐变背景展示出低调的品质感；网页的中心图片显示了公司的科技感和技术能力，独具创意；简洁明确的白色文字清晰醒目；整个页面简洁工整，体现了公司认真、积极的工作态度。

10.3.3　【知识要点】

　　使用"IFRAME"按钮制作浮动框架效果。最终效果参看云盘中的"Ch10 > 效果 > 商业公司网页 > index.html"，如图 10-27 所示。

图 10-27

扫码观看
本案例视频

10.4 综合演练——活动详情页

10.4.1 【案例分析】

美凌电器以简洁卓越的品牌形象、不断创新的公司理念和竭诚高效的服务质量闻名,目前推出"逢7 有奖系列活动",要求制作活动详情页,用于平台宣传及推广,网页设计以此次优惠信息为主要内容,要求表现出丰富的优惠活动及网站特色。

10.4.2 【设计理念】

整个页面以红色为主色调,表现出喜庆、热情洋溢的氛围,衬托出网站独特的优惠活动和极大的优惠力度。画面的搭配合理,更加提升了整个网站的档次。

10.4.3 【知识要点】

使用"页面属性"命令添加页面标题;使用"IFRAME"按钮制作浮动框架效果。最终效果参看云盘中的"Ch10 > 效果 > 活动详情页 > index.html",如图 10-28 所示。

图 10-28

扫码观看
本案例视频

11

第 11 章
综合设计实训

本章的综合设计实训案例是根据网页设计项目真实情境来训练读者利用所学知识完成网页设计项目。通过多个网页设计项目案例的演练，读者能够进一步牢固掌握 Dreamweaver CC 2019 的强大操作功能和使用技巧，并应用好所学技能制作出专业的网页设计作品。

案例类别

- ✓ 个人网页
- ✓ 游戏娱乐网页
- ✓ 旅游休闲网页
- ✓ 房地产网页
- ✓ 电子商务网页

11.1 个人网页——李梅的个人网页

11.1.1 【项目背景及要求】

1. 客户名称

李梅。

2. 客户需求

李梅是一名专业的视觉设计师，为了使更多的人认识和了解她，以及展示其设计成果，需要制作一个属于她的个人网站，网站内容包括其个人资料、个人作品、设计方向等。要求内容全面，具有独特的个性和个人特色。

3. 设计要求

（1）网页风格要求具有艺术与设计感。

（2）要求充分凸显个性。

（3）分类明确，注重细节的修饰。

（4）使用红色作为网站的主体颜色，并且使用个人照片和作品图片进行装饰。

（5）设计规格为 1600px（宽）×1296px（高）。

11.1.2 【项目创意及制作】

1. 设计素材

图片素材所在位置：云盘中的"Ch11 > 素材 > 李梅的个人网页 > images"。

文字素材所在位置：云盘中的"Ch11 > 素材 > 李梅的个人网页 > text.txt"。

2. 设计作品

设计作品效果参看云盘中的"Ch11 > 效果 > 李梅的个人网页 > index.html"文件，如图 11-1 所示。

图 11-1

扫码观看
本案例视频 1

3.　**步骤提示**

（1）选择"文件 > 新建"命令，新建空白文档。选择"文件 > 保存"命令，弹出"另存为"对话框。在"保存在"下拉列表中选择当前站点目录保存路径，在"文件名"文本框中输入"index"，单击"保存"按钮，返回文档编辑窗口。

（2）选择"文件 > 页面属性"命令，弹出"页面属性"对话框。在左侧的"分类"列表框中选择"外观（CSS）"选项，将右侧的"页面字体"选项设为"宋体"，"大小"选项设为 12px，"文本颜色"选项设为灰色（#3a3a3a），"左边距""右边距""上边距""下边距"选项均设为 0px，如图 11-2 所示。

（3）在左侧的"分类"列表框中选择"标题/编码"选项，在右侧的"标题"文本框中输入"李梅的个人网页"，如图 11-3 所示，单击"确定"按钮，完成页面属性的修改。

图 11-2

图 11-3

（4）单击"插入"面板"HTML"选项卡中的"Table"按钮，在弹出的"Table"对话框中进行设置，如图 11-4 所示，单击"确定"按钮完成表格的插入。保持表格的选取状态，在"属性"面板"Align"下拉列表中选择"居中对齐"选项，如图 11-5 所示。

图 11-4

图 11-5

（5）选择"窗口 > CSS 设计器"命令，弹出"CSS 设计器"面板。单击"选择器"选项组中的"添加选择器"按钮，在"选择器"选项组中出现文本框，输入名称".bj"，按 Enter 键确认输入，如图 11-6 所示；在"属性"选项组中单击"背景"按钮，切换到背景属性，单击"url"选项右侧的"浏览"按钮，在弹出的"选择图像源文件"对话框中，选择云盘中的"Ch11 > 素材 > 李梅的个人网页 > images > bj.png"文件，单击"确定"按钮，返回到"CSS 设计器"面板，单击"background-repeat"选项右侧的"no-repeat"按钮，如图 11-7 所示。

图 11-6

图 11-7

（6）将光标置入第 1 行单元格中，在"属性"面板的"类"下拉列表中选择".bj"选项，将"高"选项设为 120，"背景颜色"选项设为粉色（#feedee），效果如图 11-8 所示。

图 11-8

（7）在第 1 行单元格中插入一个 1 行 3 列、宽为 1000px 的表格，并设置表格为居中对齐。将光标置入刚插入表格的第 1 列单元格中，单击"插入"面板"HTML"选项卡中的"Image"按钮 🖼 ，在弹出的"选择图像源文件"对话框中，选择云盘中"Ch11 > 素材 > 李梅的个人网页 > images"文件夹中的"logo.png"文件，单击"确定"按钮，完成图片的插入，如图 11-9 所示。

（8）将光标置入刚插入表格的第 2 列单元格中，在"属性"面板的"目标规则"下拉列表中选择"<新内联样式>"选项，"水平"下拉列表中选择"居中对齐"选项，将"大小"选项设为 14px，"color"选项设为白色，并在单元格中输入文字，效果如图 11-10 所示。

图 11-9

图 11-10

（9）将光标置入表格的第 1 行第 1 列单元格中，在该单元格中输入文字，如图 11-11 所示。选中文字，在"属性"面板的"目标规则"下拉列表中选择"<新内联样式>"选项，在"字体"下拉列表中选择"方正兰亭黑简体"，"大小"选项设为 16，效果如图 11-12 所示。

我可以做什么

图 11-11

我可以做什么

图 11-12

扫码观看
本案例视频 2

（10）选中第 2 行所有单元格并将其合并。将"pic_1.png"文件插入表格的第 2 行单元格中，效果如图 11-13 所示。

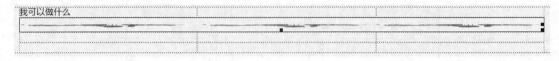

图 11-13

（11）将光标置入第 3 行第 1 列单元格中，在"属性"面板中，将"高"选项设为 60，在该单元格中输入文字。在"CSS 设计器"面板中，单击"选择器"选项组中的"添加选择器"按钮 ✚，在"选择器"选项组中出现文本框，输入名称".bt"，按 Enter 键确认输入，如图 11-14 所示。在"属性"选项组中单击"文本"按钮 **T**，切换到文本属性，将"font-family"设为"微软雅黑"，"font-size"设为 26px，如图 11-15 所示。

图 11-14

图 11-15

（12）选中文字，如图 11-16 所示。在"属性"面板的"类"下拉列表中选择".bt"选项，效果如图 11-17 所示。

（13）将光标置入第 4 行第 1 列单元格中，在"属性"面板中，将"宽"选项设为 340。将"img_1.png"文件插入该单元格中，效果如图 11-18 所示。

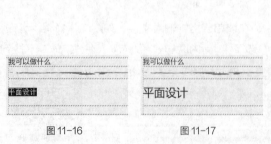

图 11-16   图 11-17

图 11-18

扫码观看
本案例视频 3

（14）用上述的方法在其他单元格中输入文字、插入图像、插入表格，并为文字应用相应的样式，制作出图 11-19 所示的效果。

（15）保存文档，按 F12 键预览网页效果，如图 11-20 所示。

图 11-19

图 11-20

11.2 游戏娱乐网页——锋七游戏网页

11.2.1 【项目背景及要求】

1. 客户名称

锋七游戏公司。

2. 客户需求

锋七游戏公司是一个游戏互动娱乐平台，它是游戏玩家的网上乐园，汇集最新最热门的网络游戏、好玩的大型游戏、玩家真实交友等服务。现推出几款新的游戏，要为其前期的宣传做准备，要求网站内容能够表现公司的特点，达到宣传效果。

3. 设计要求

（1）以浅色的背景与深色图像形成对比，突出宣传主体。

（2）以观感强烈的游戏画面瞬间抓住人们的视线，让人印象深刻。

（3）整体设计简洁，方便人们的操作。

（4）以沉稳严谨的设计体现出公司的经营特色。

（5）设计规格为 1600px（宽）×1206px（高）。

11.2.2 【项目创意及制作】

1. 设计素材

图片素材所在位置：云盘中的"Ch11 ＞ 素材 ＞ 锋七游戏网页 ＞ images"。

文字素材所在位置：云盘中的"Ch11 ＞ 素材 ＞ 锋七游戏网页 ＞ text.txt"。

2. 设计作品

设计作品效果参看云盘中的"Ch11 ＞ 效果 ＞ 锋七游戏网页 ＞ index.html"文件，如图 11-21 所示。

图 11-21

3. 步骤提示

（1）选择"文件 ＞ 新建"命令，新建空白文档。选择"文件 ＞ 保存"命令，弹出"另存为"对话框。在"保存在"下拉列表中选择当前站点目录保存路径，在"文件名"文本框中输入"index"，单击"保存"按钮，返回文档编辑窗口。

（2）选择"文件 ＞ 页面属性"命令，弹出"页面属性"对话框。在左侧的"分类"列表框中选择"外观（CSS）"选项，将右侧的"页面字体"选项设为"宋体"，"大小"选项设为 12px，"文本颜色"选项设为灰色（#646464），"左边距""右边距""上边距""下边距"选项均设为 0px，如图 11-22 所示。

（3）在左侧的"分类"列表框中选择"标题/编码"选项，在右侧的"标题"文本框中输入"锋七游戏网页"，如图 11-23 所示，单击"确定"按钮，完成页面属性的修改。

扫码观看
本案例视频 1

图 11-22   图 11-23

（4）单击"插入"面板"HTML"选项卡中的"Table"按钮 ▦，在弹出的"Table"对话框中进行设置，如图 11-24 所示，单击"确定"按钮完成表格的插入。保持表格的选取状态，在"属性"面板的"Align"下拉列表中选择"居中对齐"选项，效果如图 11-25 所示。

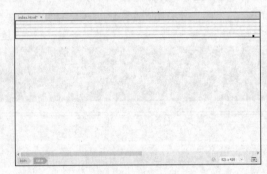

图 11-24   图 11-25

（5）将光标置入刚插入表格的第 1 列单元格中，单击"插入"面板"HTML"选项卡中的"Image"按钮 ▣，在弹出的"选择图像源文件"对话框中，选择云盘中"Ch11 > 素材 > 锋七游戏网页 > images"文件夹中的"logo.jpg"文件，单击"确定"按钮，完成图片的插入，如图 11-26 所示。

图 11-26

（6）将光标置入第 2 列单元格中，在"属性"面板的"水平"下拉列表中选择"右对齐"选项，在该单元格中输入文字，如图 11-27 所示。

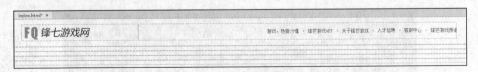

图 11-27

（7）将光标置入主体表格的第 2 行单元格中，单击"插入"面板"HTML"选项卡中的"Image"按钮 ▣，在弹出的"选择图像源文件"对话框中，选择云盘中"Ch11 > 素材 > 锋七游戏网页 >

images"文件夹中的"pic_0.jpg"文件，单击"确定"按钮，完成图片的插入，如图 11-28 所示。

图 11-28

（8）将光标置入第 3 行单元格中，在"属性"面板的"水平"下拉列表中选择"居中对齐"选项，"垂直"下拉列表中选择"顶端"选项，将"高"选项设为 420，在该单元格中插入一个 3 行 5 列、宽为 1200px 的表格，效果如图 11-29 所示。

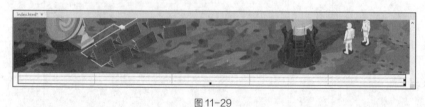

图 11-29

扫码观看
本案例视频 2

（9）用相同的方法在其他单元格中插入相应的图像、表格，输入文字并应用 CSS 样式，效果如图 11-30 所示。

图 11-30

（10）将光标置入主体表格的第 4 行单元格中，在"属性"面板的"水平"下拉列表中选择"居中对齐"选项，将"高"选项设为 335，"背景颜色"选项设为深灰色（#1e1f24）。在该单元格中插入一个 2 行 9 列、宽为 1000px 的表格，效果如图 11-31 所示。

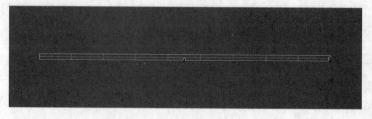

图 11-31

扫码观看
本案例视频 3

（11）将光标置入第 1 行第 1 列单元格中，在"属性"面板的"水平"下拉列表中选择"居中对齐"选项，将"高"选项设为 150。单击"插入"面板"HTML"选项卡中的"Image"按钮 ▣，在弹出的"选择图像源文件"对话框中，选择云盘中"Ch11 > 素材 > 锋七游戏网页 > images"文件夹中的"tu_01.png"文件，单击"确定"按钮，完成图片的插入，如图 11-32 所示。

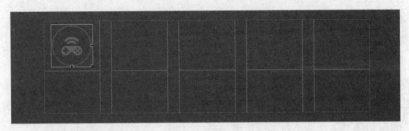

图 11-32

（12）选中图 11-33 所示的文字，在"属性"面板的"类"下拉列表中选择".bt"选项，应用样式，效果如图 11-34 所示。选中图 11-35 所示的文字，在"属性"面板的"类"下拉列表中选择".text02"选项，应用样式，效果如图 11-36 所示。

图 11-33　　　　　　　图 11-34　　　　　　　图 11-35　　　　　　　图 11-36

（13）用相同的方法在其他单元格中输入文字，并应用相应的样式。保存文档，按 F12 键预览网页效果，如图 11-37 所示。

图 11-37

11.3 旅游休闲网页——滑雪运动网页

11.3.1 【项目背景及要求】

1. 客户名称

拉拉滑雪场。

2. 客户需求

拉拉滑雪场是一家大型的专业滑雪场，滑雪场现有高山滑雪场地、自由式滑雪场地、跳台滑雪场地、越野滑雪场地和冬季两项滑雪场地等，形成了初、中、高级雪道相结合的滑雪场。现滑雪场为提高其知名度，需要制作网站，要求网站围绕滑雪这一主题，表现滑雪运动的魅力。

3. 设计要求

（1）使用大幅的滑雪运动摄影照片突出网页宣传的主体。

（2）点缀冷色调，起到丰富页面的作用，增添画面的活泼感。

（3）页面规整，内容直观，让人一目了然、印象深刻。

（4）导航栏要直观简洁，便于浏览和操作。

（5）设计规格为 1400px（宽）×1450px（高）。

11.3.2 【项目创意及制作】

1. 设计素材

图片素材所在位置：云盘中的"Ch11 > 素材 > 滑雪运动网页 > images"。

文字素材所在位置：云盘中的"Ch11 > 素材 > 滑雪运动网页 > text.txt"。

2. 设计作品

设计作品效果参看云盘中的"Ch11 > 效果 > 滑雪运动网页 > index.html"文件，如图 11-38 所示。

3. 步骤提示

（1）选择"文件 > 新建"命令，新建空白文档。选择"文件 > 保存"命令，弹出"另存为"对话框，在"保存在"下拉列表中选择当前站点目录保存路径；在"文件名"文本框中输入"index"，单击"保存"按钮，返回文档编辑窗口。

（2）选择"文件 > 页面属性"命令，弹出"页面属性"对话框，在左侧的"分类"列表框中选择"外观（CSS）"选项，将"大小"选项设为 12px，"文本颜色"设为灰色（#646464），"左边距""右边距""上边距""下边距"选项均设为 0px，如图 11-39 所示。

（3）在左侧的"分类"列表框

扫码观看
本案例视频1

图 11-38

中选择"标题/编码"选项，在"标题"文本框中输入"滑雪运动网页"，如图 11-40 所示。单击"确定"按钮完成页面属性的修改。

图 11-39   图 11-40

（4）单击"插入"面板"HTML"选项卡中的"Table"按钮 ▦ ，在弹出的"Table"对话框中进行设置，如图 11-41 所示。单击"确定"按钮，完成表格的插入。保持表格的选取状态，在"属性"面板的"Align"下拉列表中选择"居中对齐"选项。

（5）选择"窗口 > CSS 设计器"命令，弹出"CSS 设计器"面板。单击"选择器"选项组中的"添加选择器"按钮 ✚ ，在"选择器"选项组中出现文本框，输入名称".bj"，按 Enter 键确认输入，如图 11-42 所示；在"属性"选项组中单击"背景"按钮▨，切换到背景属性，单击"url"选项右侧的"浏览"按钮▢，在弹出的"选择图像源文件"对话框中，选择云盘中的"Ch11 > 素材 > 滑雪运动网页 > images > bj_1.jpg"文件，单击"确定"按钮，返回到"CSS 设计器"面板，单击"background-repeat"选项右侧的"no-repeat"按钮 ▪ ，如图 11-43 所示。

图 11-41   图 11-42   图 11-43

（6）将光标置入第 1 行单元格中，在"属性"面板的"水平"下拉列表中选择"居中对齐"选项，"垂直"下拉列表中选择"顶端"选项，将"高"选项设为 1290，效果如图 11-44 所示。

图 11-44

（7）将光标置入第 2 行单元格中，在"属性"面板的"水平"下拉列表中选择"居中对齐"选项，"垂直"下拉列表中选择"顶端"选项，将"背景颜色"选项设为白色。在该单元格中插入一个 3 行 3 列、宽为 970px 的表格。

扫码观看
本案例视频 2

（8）将光标置入刚插入表格的第 1 行第 1 列单元格中，在"属性"面板中，将"宽"选项设为 300，"高"选项设为 65，在该单元格中输入文字，如图 11-45 所示。

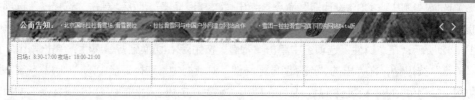

图 11-45

（9）选中图 11-46 所示的文字，在"属性"面板的"类"下拉列表中选择".bt"选项，应用样式，效果如图 11-47 所示。用相同的方法为其他文字应用样式，效果如图 11-48 所示。

图 11-46

图 11-47

图 11-48

（10）用相同的方法为其他文字添加样式，效果如图 11-49 所示。

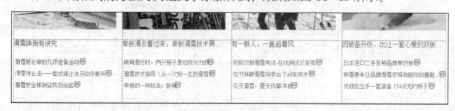

图 11-49

扫码观看
本案例视频 3

（11）滑雪运动网页效果制作完成，保存文档，按 F12 键预览网页效果，如图 11-50 所示。

图 11-50

11.4 房地产网页——购房中心网页

11.4.1 【项目背景及要求】

1. 客户名称

购房中心网。

2. 客户需求

购房中心是经营房地产开发、物业管理、城市商品住宅、商品房销售等全方位的房地产公司。现网站需要更新，要求简洁大方且设计精美，并能体现企业的高端品质。

3. 设计要求

（1）设计风格要求时尚大方、制作精美。

（2）要求网页设计的背景为浅灰色，运用淡雅的风格和简洁的画面展现企业的品质。

（3）网站设计围绕房地产的特色进行设计搭配，分类明确细致。

（4）整体风格沉稳大气，体现出企业的文化内涵。

（5）设计规格为 1400px（宽）×2000px（高）。

11.4.2 【项目创意及制作】

1. 设计素材

图片素材所在位置：云盘中的"Ch11 > 素材 > 购房中心网页 > images"。

文字素材所在位置：云盘中的"Ch11 > 素材 > 购房中心网页 > text.txt"。

2. 设计作品

设计作品效果参看云盘中的"Ch11 > 效果 > 购房中心网页 > index.html"文件，如图 11-51 所示。

图 11-51

3. 步骤提示

（1）选择"文件 > 新建"命令，新建空白文档。选择"文件 > 保存"命令，弹出"另存为"对话框。在"保存在"下拉列表中选择当前站点目录保存路径，在"文件名"文本框中输入"index"，单击"保存"按钮，返回文档编辑窗口。

（2）选择"文件 > 页面属性"命令，弹出"页面属性"对话框，将"大小"选项设为 12px，"文本颜色"选项设为深灰色（#595959），"背景颜色"选项设为淡灰色（#f5f5f5），"左边距""右边距""上边距""下边距"选项均设为 0px，如图 11-52 所示。

扫码观看
本案例视频 1

（3）在左侧的"分类"列表框中选择"标题/编码"选项，在右侧的"标题"文本框中输入"购房中心网页"，如图 11-53 所示，单击"确定"按钮，完成页面属性的修改。

图 11-52

图 11-53

（4）单击"插入"面板"HTML"选项卡中的"Table"按钮 ▦，在弹出的"Table"对话框中进行设置，如图 11-54 所示，单击"确定"按钮，完成表格的插入。保持表格的选取状态，在"属性"面板的"Align"下拉列表中选择"居中对齐"选项，效果如图 11-55 所示。

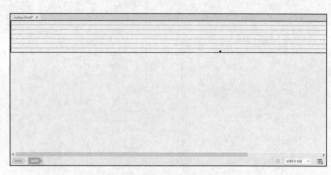

图 11-54   图 11-55

（5）将光标置入第 1 行单元格中，在"属性"面板的"水平"下拉列表中选择"居中对齐"选项，将"高"选项设为 80。在该单元格中插入一个 1 行 3 列、宽为 1000px 的表格。将光标置入刚插入表格的第 1 列单元格中，单击"插入"面板"HTML"选项卡中的"Image"按钮 🖼，在弹出的"选择图像源文件"对话框中，选择云盘中"Ch11 > 素材 > 购房中心网页> images"文件夹中的"logo.png"文件，单击"确定"按钮，完成图像的插入，效果如图 11-56 所示。

图 11-56

（6）将光标置入主体表格的第 3 行单元格中，将云盘中的"Ch11 > 素材 > 购房中心网页 > images > pic.jpg"文件，插入该单元格中，效果如图 11-57 所示。

图 11-57

（7）在"CSS 设计器"面板中，单击"选择器"选项组中的"添加选择器"按钮 ➕，在"选择器"选项组中出现文本框，输入名称".bt"，按 Enter 键确认输入，如图 11-58 所示；在"属性"选项组中单击"文本"按钮 **T**，切换到文本属性，将"font-family"设为"微软雅黑"，"font-size"设为 18 px，"color"设为红色（#cc0000），如图 11-59 所示。

（8）在"CSS 设计器"面板中，单击"选择器"选项组中的"添加选择器"按钮 ➕，在"选择器"选项组中出现文本框，输入名称".text01"，按 Enter 键确认输入；在"属性"选项组中单击"文本"按钮 **T**，切换到文本属性，将"line-height"设为 20 px，如图 11-60 所示。

图 11-58 　　　　　　　　　　图 11-59 　　　　　　　　　　图 11-60

（9）选中图 11-61 所示的文字，在"属性"面板的"类"下拉列表中选择".bt"选项，应用样式，效果如图 11-62 所示。选中图 11-63 所示的文字，在"属性"面板的"类"下拉列表中选择".text01"选项，应用样式，效果如图 11-64 所示。用相同的方法为其他单元格中的文字应用样式，效果如图 11-65 所示。

图 11-61 　　　　　　　　　　图 11-62 　　　　　　　　　　图 11-63

图 11-64 　　　　　　　　　　图 11-65

（10）将光标置入第 2 行单元格中，在"属性"面板的"水平"下拉列表中选择"居中对齐"选项。在单元格中插入图像并在两个图像之间输入空格，效果如图 11-66 所示。

图 11-66

扫码观看
本案例视频 3

（11）保存文档，按 F12 键预览网页效果，如图 11-67 所示。

图 11-67

11.5 电子商务网页——家政无忧网页

11.5.1 【项目背景及要求】

1. 客户名称

家政无忧服务有限公司。

2. 客户需求

家政无忧服务有限公司是一家以日常保洁、家电清洗、干洗服务、新居开荒为主要经营项目的专业家政服务公司。公司为扩大服务范围，使服务更便捷，需要制作网站，网站要突出公司的优势，整体风格要求简洁大气。

3. 设计要求

（1）网页整体风格简洁大气，突出家政服务的专业性。

（2）网页的内容以家居为主，画面和谐，具有特色。

（3）向客户传达真实的服务信息内容。

（4）画面表现出空间感与层次感，图文搭配协调。

（5）设计规格为 1400px（宽）×2082px（高）。

11.5.2 【项目创意及制作】

1. 设计素材

图片素材所在位置：云盘中的"Ch11 > 素材 > 家政无忧网页 > images"。

文字素材所在位置：云盘中的"Ch11 > 素材 > 家政无忧网页 > text.txt"。

2. 设计作品

设计作品效果参看云盘中的"Ch11 > 效果 > 家政无忧网页 > index.html"文件，如图 11-68 所示。

图 11-68

3．步骤提示

（1）选择"文件 > 新建"命令，新建空白文档。选择"文件 > 保存"命令，弹出"另存为"对话框，在"保存在"下拉列表中选择当前站点目录保存路径；在"文件名"文本框中输入"index"，单击"保存"按钮，返回文档编辑窗口。

（2）选择"文件 > 页面属性"命令，弹出"页面属性"对话框，在左侧的"分类"列表框中选择"外观（CSS）"选项，将"大小"选项设为 12px，"文本颜色"选项设为灰色（#646464），"左边距""右边距""上边距""下边距"选项均设为 0px，如图 11-69 所示。

（3）在左侧的"分类"列表框中选择"标题/编码"选项，在"标题"文本框中输入"家政无忧网页"，如图 11-70 所示。单击"确定"按钮完成页面属性的修改。

图 11-69

图 11-70

（4）单击"插入"面板"HTML"选项卡中的"Table"按钮 ▦ ，在弹出的"Table"对话框中进行设置，如图 11-71 所示。单击"确定"按钮，完成表格的插入。保持表格的选取状态，在"属性"面板的"Align"下拉列表中选择"居中对齐"选项。

（5）选择"窗口 > CSS 设计器"命令，弹出"CSS 设计器"面板，单击"选择器"选项组中的"添加选择器"按钮 ✚，在"选择器"选项组中出现文本框，输入名称".bj"，按 Enter 键确认输入；在"属性"选项组中单击"背景"按钮 ▨，切换到背景属性，单击"url"选项右侧的"浏览"按钮 🗀，在弹出的"选择图像源文件"对话框中，选择云盘中的"Ch11 > 素材 > 家政无忧网页 > images > bj.jpg"文件，如图 11-72 所示。单击"确定"按钮，返回到"CSS 设计器"面板，单击"background-repeat"选项右侧的"repeat-x"按钮 ▦，如图 11-73 所示。

图 11-71   图 11-72   图 11-73

（6）将光标置入第 1 行第 1 列单元格中，单击"插入"面板"HTML"选项卡中的"Image"按钮 🖼，在弹出的"选择图像源文件"对话框中，选择云盘中的"Ch11 > 素材 > 家政无忧网页 > images > logo.png"文件，单击"确定"按钮，完成图像的插入，如图 11-74 所示。

图 11-74

（7）将光标置入第 2 列单元格中，在"属性"面板的"目标规则"下拉列表中选择"<新内联样式>"选项，"水平"下拉列表中选择"右对齐"选项，将"大小"选项设为 14px。在该单元格中输入文字和空格，如图 11-75 所示。

图 11-75

（8）将光标置入主体表格的第 2 行单元格中，将云盘中的"Ch11 > 素材 > 家政无忧网页 > images > jdt.jpg"文件插入该单元格中，如图 11-76 所示。

图 11-76

（9）选中图 11-77 所示的文字，在"属性"面板的"类"下拉列表中选择".bt"选项，应用样式，效果如图 11-78 所示。选中图 11-79 所示的文字，在"属性"面板的"类"下拉列表中选择".text"选项，应用样式，效果如图 11-80 所示。

图 11-77　　　　　　图 11-78　　　　　　图 11-79　　　　　　图 11-80

（10）用相同的方法在其他单元格中输入文字并应用样式，效果如图 11-81 所示。

图 11-81

（11）在"CSS 设计器"面板中，单击"选择器"选项组中的"添加选择器"按钮 ✚，在"选择器"选项组中出现文本框，输入名称".delete"，按 Enter 键确认输入，如图 11-82 所示；在"属性"选项组中单击"文本"按钮 **T**，切换到文本属性，将"line-height"设为 25 px，单击"text-decoration"选项右侧的"line-through"按钮 **T**，如图 11-83 所示；单击"布局"按钮 ，切换到布局属性，将"padding-left"设为 15 px，如图 11-84 所示。

| 图 11-82 | 图 11-83 | 图 11-84 |

（12）选中图 11-85 所示的文字，在"属性"面板的"类"下拉列表中选择".delete"选项，应用样式，效果如图 11-86 所示。

（13）将光标置入主体表格的第 3 行单元格中，在"属性"面板的"水平"下拉列表中选择"居中对齐"选项，将"高"选项设为 80。将云盘中的"Ch11 > 素材 > 家政无忧网页 > images > an.jpg"文件插入该单元格中，如图 11-87 所示。

| 图 11-85 | 图 11-86 | 图 11-87 |

（14）用上述方法制作出图 11-88 所示的效果。

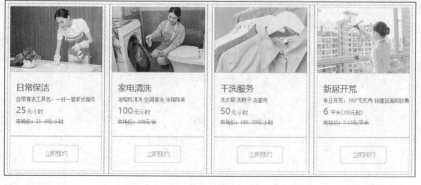

图 11-88

（15）保存文档，按 F12 键预览网页效果，如图 11-89 所示。

图 11-89